国家自然科学基金项目（71974022、 41771534）资助

平原与山地城市的多中心开发及其环境绩效研究

刘 勇等 著

科 学 出 版 社

北 京

内 容 简 介

本书结合我国山地多、平原少的地理格局，以西部典型平原城市——成都和典型山地城市——重庆为例，比较两类城市在多中心转型下的城市环境绩效。本书基于空间视角，运用城市地理、城市经济、城市生态等多学科研究方法，创新性地分析了我国平原城市和山地城市的多中心开发特征，定量揭示了其演化机制和环境绩效。本书每章相互独立又不失整体性，围绕多中心开发及环境绩效这一主题，紧扣多中心开发、环境绩效、生态系统服务等关键词展开。

本书可供土地管理、房地产、城乡规划、经济地理等相关领域的研究人员、政府部门工作人员及高等院校师生参考、阅读。

审图号：GS 京(2023)2041 号

图书在版编目(CIP)数据

平原与山地城市的多中心开发及其环境绩效研究 / 刘勇等著. —北京：科学出版社，2023. 10

ISBN 978-7-03-076920-6

Ⅰ. ①平… Ⅱ. ①刘… Ⅲ. ①城市建设-城市环境-环境管理-研究-中国 Ⅳ. ①X321. 2

中国国家版本馆 CIP 数据核字（2023）第 215065 号

责任编辑：林 剑 / 责任校对：樊雅琼

责任印制：徐晓晨 / 封面设计：无极书装

科学出版社出版

北京东黄城根北街 16 号

邮政编码：100717

http://www.sciencep.com

北京中石油彩色印刷有限责任公司 印刷

科学出版社发行 各地新华书店经销

*

2023 年 10 月第 一 版 开本：720×1000 1/16

2023 年 10 月第一次印刷 印张：11

字数：230 000

定价：138.00 元

（如有印装质量问题，我社负责调换）

目　　录

第1章 绪 论

1.1 研究背景

多中心（polycentric）被认为是理想的城市空间结构而席卷欧美城市[1-4]，这一主流模式亦被我国大中城市的空间规划广泛采纳[5-10]。在空间规划引导下，1997～2009年我国有55个城市从单中心（monocentric）转变为多中心结构[11]，至2012年多中心城市占全部地级市的52%以上[12]，可以说发轫于西方的多中心模式在我国得到广泛应用。有学者认为，多中心模式通过在近郊、甚至远郊建立副中心和外围组团，结合了分散和聚集两方面的优点，不仅有效地向外围疏散了单中心过于密集的城市人口和经济活动，而且维持了中心城区的生产性服务功能[13,14]。也有学者认为，我国的多中心城市大多是人为“规划”的“形态”（morphological）多中心，可能对各中心之间的功能性联系缺乏足够认识，与“功能”（functional）多中心相去甚远[15,16]。

国外多中心研究起源于欧美的平原城市[17,18]，国内相关研究也以北京、上海等平原城市为代表[8]，其共同点是基于平原地区的空间均质性假设，重视多中心的形态测度和经济绩效。然而，主流研究对山地城市的多中心空间形态及其环境绩效关注较少[19]。山地城市占我国城市数量三分之一以上，大多分布在不同海拔的山地区域[20,21]。山体阻隔和河流下切形成的高低起伏地貌，决定了山地城市大多采用“多中心、组团式”格局[12,22]。受交通成本的制约，山地城市的各中心形成了较好的职住平衡，可能更接近真正意义上的功能多中心[21]。平原城市通过人为规划可以实现形态上的多中心，而功能的疏解与平衡往往更难达到[23]：副中心功能单一、高度依附于主中心，相互之间缺乏功能联系[16,24]。因此，平原城市与山地城市两种不同的多中心模式，将会带来怎样的环境绩效差异？这是一个十分有趣的话题。

围绕多中心结构是否具有更好的环境绩效，已有文献开展了大量研究，得出的结论却不尽相同，甚至截然相反[25-27]。多数学者认为，多中心结构能缓解单中心高密度聚集带来的交通拥堵、环境污染、城市热岛等日益严峻的“城市病”[28-30]。也有学者认为，多中心结构可能带来通勤成本上升、能耗增加、污染扩散等一系列问题[31,32]。我国过去十来年的城市规划与建设实践表明，多中心城市的环境问题并未得到根本性的改善，看似驳斥了“多中心比单中心具有更好的环境绩效”这一观点，实则是我们过于偏重形态多中心的片面认识。例如，就有文献指出，多中心能否减缓城市环境问题，取决于各中心能否形成功能互补和实现职住平衡，形成更多功能意义上的、而并非空间形态上的多中心[33,34]。若副中心功能相对独立、高密度开发，与主中心之间形成以公共交通为主导（Transit-oriented development，TOD）的交通联系，将有利于减少污染排放，否则会适得其反[8]。因此，平原城市和山地城市在形态与功能多中心演化上可能有显著差异，并由此带来不同的环境绩效，这迫切需要相应的分类评估和比较研究。

本书以西部典型平原城市——成都和典型山地城市——重庆为例，揭示多中心开发下的环境效应问题。其原因在于：①成都和重庆作为西部大开发的中心城市和成渝经济区的“双子城”，尽管一个地处平原，一个地处山地，却不约而同地选择了多中心模式，并在数轮城乡规划中予以强化；②两者在多中心的发育背景、成长机制和演化路径上具有显著差异，成都代表从单中心向多中心开发转型的平原城市，重庆代表长期以来采用组团式、多中心形态的山地城市；③随着社会经济快速发展，城市规模迅速扩张，两个城市都遭遇了不同程度的景观破碎、城市热岛、大气污染等环境问题，评价并比较成都和重庆多中心模式的环境绩效，对深入认识多中心结构及其环境绩效、客观评价我国城市规划模式具有重要的参考价值。

本书的意义在于：①理论上，对比分析平原城市与山地城市多中心开发的内涵，重点探索多中心发展及其环境响应的差异；②实践上，评价多中心城市规划的环境绩效，并制定适应性的空间应对策略，为提升多中心城市规划管理和环境风险应对能力提供决策参考。

1.2 研究综述

多中心结构指由许多特定的城市中心/组团构成的、相互关联的城市网络结构，表现为中心城区外围、城市连绵区以内的副中心/组团的重要性日益增加[14,24]。多中心结构理论在20世纪初期由芝加哥学派提出[18]，直到20世纪50年代才开始得以重视并被大量采用[17]。但多中心本身受分析尺度（如城市内部、大都市圈）和测度标准（如形态、功能）的影响，其内涵界定和识别测度不尽相同[2]。本书主要针对城市内部尺度，围绕以下三个问题对已有研究进行梳理和归纳。

1.2.1　多中心结构的模式差异

多中心结构表象上是各个城市中心规模和布局相对均衡，而本质则是不同中心之间具有双向或交叉的功能联系[35]。多中心结构分为侧重地理空间分布的“形态”和侧重功能联系程度的“功能”两个维度[13]。形态测定主要依据各城市要素（人口/就业/地价等）的空间分布[36-39]，功能测度主要依据网络结构和功能联系（交通流/信息流等）[13,40-43]。近年来的研究试图建立两者之间的关联，如 Hall 和 Pain 采用的高端生产性服务业连接的“信息流”分析[13]，Green 采用的网络密度分析[43]，Burger Meijers 采用的多中心网络通勤流分析[42]。需要强调的是，形态多中心并非一成不变，在不同城市发展阶段，离心、融合、合并等形态可能依次或交叉出现[44]；形态多中心并不意味着功能多中心，只有当各个中心具有相互且均衡的功能联系，才视为功能多中心[8]。

我国平原城市广泛采用了多中心模式，如北京的“两轴、两带、多中心”结构，上海的“多心、开敞”结构，广州的“一体两翼”结构。然而，一些平原城市可能更多是规划意义上的形态多中心，并没有实现与欧美城市相比拟的功能多中心。例如，Yue 等发现东部城市各中心之间的功能联系较弱，形态与功能多中心不匹配[16]。Schneider 等发现西部平原城市的多中心更接近欧美城市的形态多中心[45]。形态多中心出现主要是通过行政合并与规划调整，使中心城区不断向外扩张，吞并原有城镇或建立城市新区[16,46]。而欧美城市的功能多中心，是指由多个中心组成的城市区域中，各个中心独立运行，并与相邻中心发生各类联系[24]。与平原城市相比，众多山地城市很早就采用“多中心、组团式”布局模式，可能更多表现为形态和功能相融合的多中心[47]。例如，重庆、香港、厦门、珠海、桂林、泉州、台州等山地城市都遵循这一模式。受地形和交通的限制，山地城市往往鼓励形成产城融合、功能完备、独立运行的中心/组团[19]，在功能上形成有效的替代关系，减少外部通勤流和提高内部通勤流，形成相对理想的职住空间匹配[48]。例如，李清峰和赵民认为重庆的多中心形态与“低房价、低时耗”现象有内在联系[49]。平原城市与山地城市的多中心结构可能具有形态与功能差异，但还有待研究验证。

1.2.2 多中心结构的形成机制

对多中心结构的理论与实证研究，大多基于平原地区的空间均质性假设，重视从经济学视角来分析扩散和聚集的作用[50,51]、自组织和自增强的效应[52]。经济学的均衡状态分析发现，单中心产生人口过度拥挤和通勤成本上升等溢出效应，将驱使企业或个体迁出现有中心城区；城市外围开发的随机效应和邻域聚集效应，将导致副中心城市的出现[53,54]。例如，Hall 和 Pain 认为高端生产性服务业的向心聚集、社会/个人服务业的离心扩散是多中心形成的重要原因[13]。除经济驱动外，我国独特的规划、制度、投资工具也在很大程度上引导了平原城市的多中心开发[12]。案例研究发现，平原城市大多有意识地通过空间规划主动追求多中心模式[55]：早期通过产业空间转移形成专业化副中心，近期为适应行政区调整和郊区化发展需要形成综合性副中心[56-58]。Yue 等指出，平原城市规划推动下的多中心规划，可能导致副中心的要素聚集能力较低，生产性服务业发展滞后，功能性联系薄弱[16]。

区别于平原城市，“大分散、小集中”聚居模式和“多中心、组团式”城市形态，可能是山地城市的悠久传统、自然选择及规划准则[22]。多中心模式既是山水阻隔、地形起伏、土地稀缺、交通不便限制下的被动适应，又是山地敏感环境约束下“分散的集中”的主动选择[21]：适当的分散，可保留山水自然廊道和山地敏感区域，提高山地环境承载力和防止生态系统退化；适当的聚集，可利用山地有限的基础设施，便于发挥规模效应，减少土地占用和生态扰动[59]。黄光宇认为，当山地城市人口规模超过 10 万人，就应考虑集中与分散相结合的布局模式[22]。Bertaud 则认为，平原城市人口规模超过 500 万，统筹考虑聚集效益和交通成本，最佳结构为多中心模式[29]。对山地城市的研究发现，中心城区往往具有极高的人口与产业聚集度，向平面和立体同步生长[60]；副中心/外围组团布局紧凑、功能完善，组团内部解决了基本的市政服务和通勤问题[49]。因此，基于平原城市的多中心理论解释，在山地城市并不完全适用，尤其是不能反映沿水系和交通两侧低平地带扩张以及人口/产业空间跳跃式迁移等显著特征。

1.2.3 多中心开发的环境绩效

环境绩效是指通过多中心空间规划实施而取得的环境效果[26]。环境绩效可概括为物理环境和建成环境绩效[61-63]，前者侧重减缓城市热岛和控制环境污染等，后者侧重于控制不透水面比例和减少景观破碎化等[64,65]。近年来的研究还纳入自然灾害应对、能源利用效率、城市居民健康等方面内容[66]。鉴于环境绩效的多维性和复杂性，为集中力量取得突破，本书集中瞄准景观破碎[67]和城市热岛[68]等环境维度。上述维度与多中心规划联系紧密，且可在空间上加以定量表征[69,70]。尽管平原城市与山地城市多中心开发带来的景观破碎和城市热岛问题类似，但山地城市在独特的地貌、气候与生态影响下可能问题更为突出。

我国平原城市的多中心开发，改变了单中心圈层蔓延模式，可以绕开原有开敞空间，保留城市绿带、绿心、绿岛，增加生境的连通性，可降低景观破碎化程度[9,71]。不过，隔离绿带侵蚀也可能导致组团之间粘连发展，如成都“198 区域”的生态规划用地部分被开发侵占。多中心开发通过向外疏散人口和产业，限制副中心规模并形成分散布局，增加植被/水体面积比例，可以缓解单中心聚集带来的热岛效应[72]。然而，仅仅是形态上而非功能性的多中心，尤其是工业卫星镇和居住卧城模式，也可能会导致更多的通勤能耗和人为热释放，并使城市热岛中心向外迁移[73]。一些研究认为，多中心结构能疏解交通拥堵，缩短出行距离和出行时耗，进而减少交通能耗和大气污染[28-30]。有学者认为，与蔓延相比，多中心紧凑的城市形态、混合的土地利用减少了交通流量并降低了交通能耗[74,75]，能够为区域提供更好的空气质量[76]。也有学者提出了质疑，认为多就业中心分散模式比单中心模式产生更大交通能耗[31,32]。更多研究指出，如果缺乏职住平衡和公共交通的支持，多中心反而会增加通勤能耗[33,34]。

区别于平原城市，山地城市的山水格局及其奠定的城市多中心形态，既是重要的环境约束，也是独具特色的环境资产[77]。从环境约束来看，山区的人口和道路分布更加分散，景观破碎化程度更高，对环境退化尤其敏感和脆弱[67,78]。山地城市跨越山水限制进行多中心开发，大规模地修筑桥梁、开凿隧道、切割山体、夷平山丘、填平溪沟，入侵生态脆弱敏感的洪泛盆地、小流域及陡坡地带。盲目地挖山填河和向山要地，致使高度敏感的山地城市容易发生严重的环境退化，增加洪水、滑坡、泥石流等自然灾害发生的概率[47,79]。而且，主/副中心紧凑布局、立体生长，加之山谷逆温现象，热量和污染难以扩散，导致更高的城市热岛与大气污染强度[80,81]。从环境资产来看，山地城市一般兼具形态和功能多中心，鼓励副中心和外围组团的人口/就业空间匹配，组团内部的通勤率要高于组团之间的通勤率[49]，可以减缓交通拥堵、能源消耗和由此引起的城市热岛与大气污染等问题[22,48]。目前，山地城市学将生态规划作为核心研究领域，但对多中心结构的生态环境绩效的实证研究还较欠缺[21,82]。

1.2.4 研究评述

经梳理发现，已有研究在宏观尺度上对城市形态与城市环境的相关性进行了研究，取得了较多成果，但一些问题仍有待解决。第一，已有研究集中关注沿海平原城市的多中心规划，而较少关注西部城市是否沿袭了沿海平原城市的多中心模式、是否在山地城市导致了更为严重的环境风险。第二，在城市尺度上，城市形态与环境绩效的量化研究较少，其原因是环境要素的历史数据获取难度大，观测数据较少且空间分布不均。以往研究多使用行政单元作为评价单元，较少考虑研究结果的尺度依赖性，尤其是山地城市高度的尺度敏感性。第三，平原城市与山地城市是否具有显著的多中心差异及其相应的环境绩效差异，还有待深入研究。

本书的切入点：首先，以平原城市和山地城市为研究对象，构建多中心测度体系，并探讨平原城市和山地城市的多中心发展特征；其次，基于多尺度分析，揭示平原城市与山地城市的多中心差异及形成机制；再次，基于定量遥感模型和多源数据集成，以景观破碎和城市热岛为主要维度，量化评价多中心平原城市与山地城市的环境绩效，揭示不同多中心演化特征的环境响应；最后，以环境绩效提升为目标，定量模拟多中心优化方案。

1.3 研究区域选择

本书选取成都的中心城区（主城 11 个区和 2 个功能区）和重庆的中心城区（主城 9 个区）为研究区域（图 1.1）。成都和重庆是成渝地区双城经济圈的“双核”，是继京津冀、长三角和珠三角之后的中国第四个城市群核心，是我国西部地区重要的经济中心。成都和重庆地处同一城市群，地理纬度接近（重庆 29.56°N，成都 30.66°N），地理位置仅相隔 250km，海拔高度和气候区相似，具有便捷的高速公路和高速铁路连接。伴随着西部大开发的推进和成渝城市群的崛起，成都和重庆见证了跨越式的城市发展。由于高强度的城市开发和人类活动，重庆和成都近二十年来生态环境持续受到人类活动干扰，城市热岛、大气污染和生态退化等现象较为突出。但是，成都与重庆的地形地貌和城市形态相差较大，分别是西部平原城市和山地城市的典型代表。两个城市具有不同的环境本底，形成了不同的城市空间发展策略，导致其环境质量具有较大的差异性。因此，其相似性和差异性为对比研究提供了不可多得的典型案例。

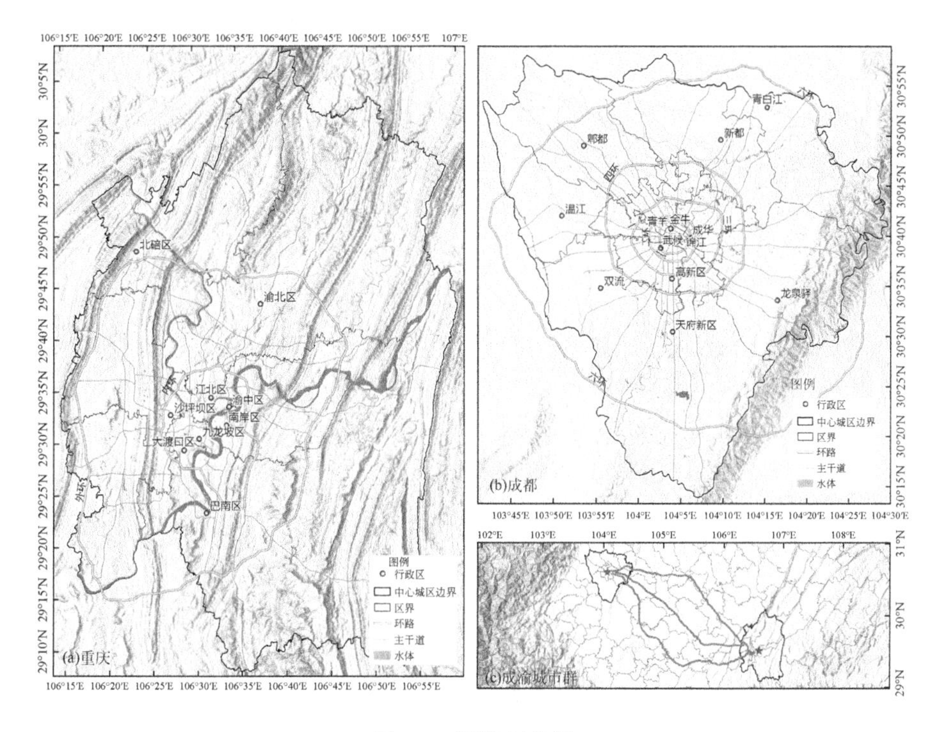

图 1.1　研究区位置

成都是四川省的省会和西部重要的中心城市，是一个典型的平原城市。成都被称为天府之国，地理条件得天独厚。成都位于四川盆地西部的冲积平原腹地，背靠龙门山脉和龙泉山脉，地势平坦、水网密布。成都主城十一区和两个功能区（天府新区和高新区）总面积 3639km^2，约占成都市总面积的 25%。2018 年该区域城镇人口有 920 万人。成都早期筑城于郫江、检江东北部，两江环抱构成城市的基本格局。抗日战争时期，作为重要的后方基地接纳大批沿海企业、学校，城区向古城外扩展。新中国成立后，随着三线建设大批工业项目的入驻，城市建设逐步跨越一环。改革开放后，随着经济与人口的快速增长，建成区范围迅速扩大，环状、放射性路网逐步加强，单中心、圈层式拓展的城市格局日益突出。随着城市的不断扩大，成都逐步打破单中心和圈层发展模式，开始转变为多中心布局模式。成都 1954 年版城市总体规划奠定环形放射城市格局；1982 年版城市总体规划形成东城生产、西城居住的格局；1996 年版城市总体规划提出城市向东向南发展；2011 年版城市总体规划促进中心城区由圈层式向扇叶状布局转变；2016 年版城市总体规划提出构建以中心城区和天府新区为双核的特大中心，并配套 8 个卫星城、6 个区域中心。成都早期空间发展以“单中心、圈层式”为主导，城市核心区域高度聚集发展，人口密度过大，带来较大的环境压力。成都近期城市形态开始强调由单中心向多中心转型，但目前中心城区仍占主导地位，天府新区等副中心发展还相对滞后，多中心结构总体上还不成熟。成都快速的城市扩展和空间重构，导致城市热岛、大气污染空间分布发生迁移，从单中心聚集分布转变为多中心环状分布。

重庆是我国西部地区唯一的直辖市，是典型的山地城市。重庆位于长江上游的经济中心，位于川东平行岭谷区，地貌以丘陵山地为主。重庆主城拥有穿城而过的缙云山、中梁山、铜锣山和明月山四座南北平行的山脉及嘉陵江和长江两条东西走向的河流，素有“山城”之美誉。“一岛两江、三谷四脉”的地理特征构成了重庆城市发展的自然本底。重庆主城九区总面积 3175km^2，仅占重庆市总面积的 7% 左右。2018 年该区域城镇人口达到 790 万人。重庆主城发源于渝中半岛的沿江地带，自 1890 年开埠后，城市逐步跨越两江并向南北发展，随着交通条件的改善，主城逐步向西扩展。抗日战争时期，为躲避日军轰炸，城市人口与产业纷纷向郊区疏散，由此奠定了重庆“大分散、小集中”的发展模式。新中国成立后的三线建设时期，重庆郊区接纳了大批军工企业，为日后重庆的发展奠定了基础。近年来，建成区由渝中半岛向南北扩展，往两江新区方向扩展明显，并突破中梁山和铜锣山的限制，向外围的西永和茶园组团扩散。在山地地形下，重庆发展空间稀缺、交通选择有限、生态环境敏感，形成了“多中心、组团式”的城市发展格局，具有“大分散、小集中”的发展特征，并在多次城市规划发展中得以不断强化。重庆 1960 年版城市总体规划采取“一主、四副、十四组团”的模式，每个组团不少于 10 万人，工作居住就近组织、就地平衡，组团之间由自然绿地相隔。1998 年版、2007 年版及 2014 年修订版城市总体规划进一步强化了“多中心、组团式”城市结构。目前重庆已经形成以解放碑为主中心，沙坪坝、杨家坪、观音桥、南坪、西永、茶园为副中心的“一主六副、多中心、组团式”城市形态。近年来，重庆新兴的城市组团不断突破自然山水屏障，向城市周边呈“跳跃式”发展。快速的城市开发引发了严峻的环境问题，其城市热岛、大气污染现象十分突出，被称为“火炉”“雾都”。

1.4 研究内容

(1) 基于 POI 大数据的多中心形态分析

我国大量城市在其规划中均提出多中心城市开发战略，但城市形态演变是否达到规划预期，能否通过有效途径识别城市形态和功能，成为当前学术界研究的热点。相比于人口、用地、产业等传统调查和识别方法，城市大数据的出现为城市形态识别提供了契机，尤其是基于 POI（Point of interest）大数据的分析比传统方法更加准确高效。本书基于重庆 40 万余条与成都 75 万余条 POI 数据，利用核密度分析、自然断点法、邻近分析等方法，根据整体及不同类型 POI 数据的空间分布特征与聚集程度，识别城市总体及不同职能的城市要素分布及其影响范围。研究结果表明，成都作为平原城市，表现为“单中心、圈层式、卫星城”的城市形态，三环以内的主中心 POI 聚集能力较强，而三环以外的外围新城聚集能力相对较弱。不同职能类型的 POI 空间分布特征与整体类似，其中生活中心发展较为成熟，商务、金融中心在三环以外发展相对滞后。重庆作为山地城市，在自然约束和规划引导下，呈现典型的“多中心、组团式”结构。不同职能类型的城市中心也呈现明显的多中心分布特征。重庆的主/副中心在内环以内聚集，但不同中心的发育程度及其空间聚集度差异显著。外围新兴的西永、茶园等副中心发展相对滞后，城市要素聚集功能有待加强。

(2) 基于宜出行人口热力的多中心形态分析

多中心结构的有效识别，对于规划效果评价、规划策略制定具有重要意义。相比于百度热力的栅格数据与手机信令的基站数据，腾讯宜出行人口热力数据具有时空分辨率高、获取成本低的优点，可精细比较城市主/副中心的人口聚集能力，为城市形态的动态识别提供新的手段。本书基于连续一周的宜出行人口热力数据，利用核密度分析等方法，识别多中心城市形态、中心/组团影响范围及发育情况。研究结果表明，成都和重庆作为平原城市和山地城市的典型代表，在自然环境、经济驱动与规划引导下，各自形成了以“单中心、圈层式、卫星城”为主的城市形态和以“多中心、组团式”为主的城市形态。成都人口热力高聚集区相对集中连片，分布在三环以内的主中心；郫都、温江、双流、天府新区等外围新城形成了人口热力次高峰，但其人口聚集水平远低于主中心。重庆内环以内的各个城市中心人口高度聚集、人口规模相近，并强于内环以外的副中心；西永、茶园副中心及外围组团的发展与人口聚集能力有待提高。

（3）不同多中心形态下的城镇开发边界绩效评估

尽管西方国家的一些城市在其规划中较早采用了城市增长边界（UGBs），但中国在新一轮的国土空间规划才开始引入这一工具，用以应对城市蔓延问题。考虑到国土面积广阔、城市类型差异较大，我国城镇开发边界在不同类型城市（如平原城市和山地城市）能否有效应对城市蔓延，目前尚无定论。本书将重点探讨城镇开发边界应对城市蔓延的有效性问题。为此，引入深度学习方法（U-Net），通过模拟有/无城镇开发边界情景，预测2035年案例城市的扩张情况，进一步采用景观格局指标，评估城镇开发边界对抑制城市蔓延的有效性。研究结果表明，1992～2019年，成都和重庆的城市扩张存在显著差异。成都城市发展从单中心主导向多中心开发转变，具有"外溢式"蔓延特征，而重庆城市开发以"多中心、组团式"格局为主，具有"跳跃式"和"破碎化"蔓延特征。尽管不同城市的边界划定存在差异，但模拟结果表明，到2035年，城镇开发边界均能较好应对城市蔓延，尤其是成都的抑制蔓延效果更加突出。然而，城镇开发边界划定受到自上而下土地指标的严格约束，限制了其应对城市蔓延的潜力。因此，城镇开发边界在实施中需要考虑城市地形差异和城市形态差异，进行动态监测、评估和优化。

（4）不同多中心形态下的生态系统服务变化

城市化导致生态系统退化和服务功能降低，而国土空间规划试图通过空间管制来减缓城市化的负面影响。然而，目前少有研究关注山地城市和平原城市的国土空间规划差异及其对生态系统服务的影响。因此，本书以国土空间规划理念为引导，耦合FLUS模型和InVEST模型，构建2035年自然增长情景、生态保护情景和耕地保护情景等不同城市化情景，模拟未来的城市化和生态系统服务。研究结果表明，重庆和成都的城市扩张模式具有显著差异。与自然增长情景相比，在空间规划约束和引导下，生态保护情景和耕地保护情景对城市扩张有较强的限制作用。其中，生态保护情景可以有效地保护重庆的森林和成都的环城生态带，耕地保护情景可以通过保护城市周边的优质农田来有效地减缓城市增长。相应地，生态保护情景和耕地保护情景可以维持生态系统服务。其中，重庆的生态保护情景在环境保护方面比耕地保护情景表现得更好，而成都则表现出相反的趋势。重庆的生态保护情景的碳储存减少量仅为自然增长情景的67.16%，成都为81.08%。上述结果与重庆和成都不同的地形条件、城市形态、土地利用有关。

（5）不同多中心形态下的城市热岛差异

城市热环境问题当前得到了学术界广泛关注，但多中心城市能否缓解城市热岛（UHI）仍有争议，尤其是考虑到平原城市从单中心向多中心过渡的特点和山地城市以多中心为主的形态。本书研究发现，在地形因素的影响下，成都的城市形态具有单中心向多中心转变的特征，而重庆则具有天然的多中心发展形态。成都城市热岛强度的高值区域位于市中心和外围郊区，而重庆的高值区域主要位于外围工业区。空间误差模型和随机森林回归结果表明，植被和水体等自然要素对成渝城市热岛的作用方向和贡献程度具有相似性。成渝城市热岛差异的关键影响因素是自然地形和城市形态的差异。成都城市热岛的主要影响因素是不透水面比例和建筑密度，而重庆则是天空视域因子和工业区所占比例。

（6）不同多中心形态下的人为热排放差异

人为热排放是城市热岛的主要成因之一，对城市局地环境和微气候有重要影响。探究多中心城市的人为热空间分布特征及差异，分析城市形态对人为热排放的影响机制，可为不同城市因地制宜的人为热调控策略提供思路和借鉴。本书采用源清单法，从建筑热排放、交通热排放、工业热排放和人体代谢热排放四个方面，测度人为热通量（AHF）的空间分布。研究结果表明：①建筑热排放和交通热排放对成都和重庆的人为热排放贡献最大。②成都和重庆的人为热排放空间分布存在显著差异。成都的人为热排放从市中心向郊区逐渐递减，呈现“连片式、圈层式”分布；而重庆的人为热排放在主/副中心高度聚集，呈现“总体分散、局部均衡”的组团式分布。③从不同维度来看，成都和重庆的主中心聚集了大量的建筑热排放和人体代谢热排放，而主干道沿线和工业园区附近的交通热排放和工业热排放较高。

（7）不同多中心形态下的城市环境质量差异

日益退化的城市环境质量（UEQ）对居民生活水平和城市可持续发展造成了严重威胁。探究平原城市和山地城市的环境质量空间分布及其差异，可为不同城市采取差异化的环境提升策略提供思路。本书基于物理环境、建成环境、自然灾害三个维度，构建城市环境质量的分析框架及测度体系，从自然地形和城市形态视角，对比不同城市的环境质量分布特征。结果表明：①成都和重庆城市环境质量的空间分布存在显著差异，重庆总体呈现出“马赛克”镶嵌式格局，而成都呈现外高内低的“圈层式”格局；②对城市环境质量贡献较大的因子，依次为不透水面比例、工业用地比例、植被指数、城市热岛强度；③成都和重庆的平原/山地地形和由此形成的不同城市形态，深刻影响了其城市环境质量格局。

1.5 技术路线

本书基于平原城市与山地城市的典型特征，综合运用定量遥感、空间分析、地理模拟方法，构建多中心和环境绩效评估方法体系，揭示平原与山地环境下多中心开发的环境响应机制，为丰富城市地理学和城市生态学的研究、优化多中心规划提供借鉴。主要研究步骤包括：①平原城市与山地城市多中心形态的测度；②不同多中心形态下的城镇开发边界绩效评估；③不同多中心形态下的生态系统服务评估；④不同多中心形态下的城市热岛评估；⑤不同多中心形态下的人为热评估；⑥不同多中心形态下的城市环境质量评估。具体的技术路线如图 1.2 所示。

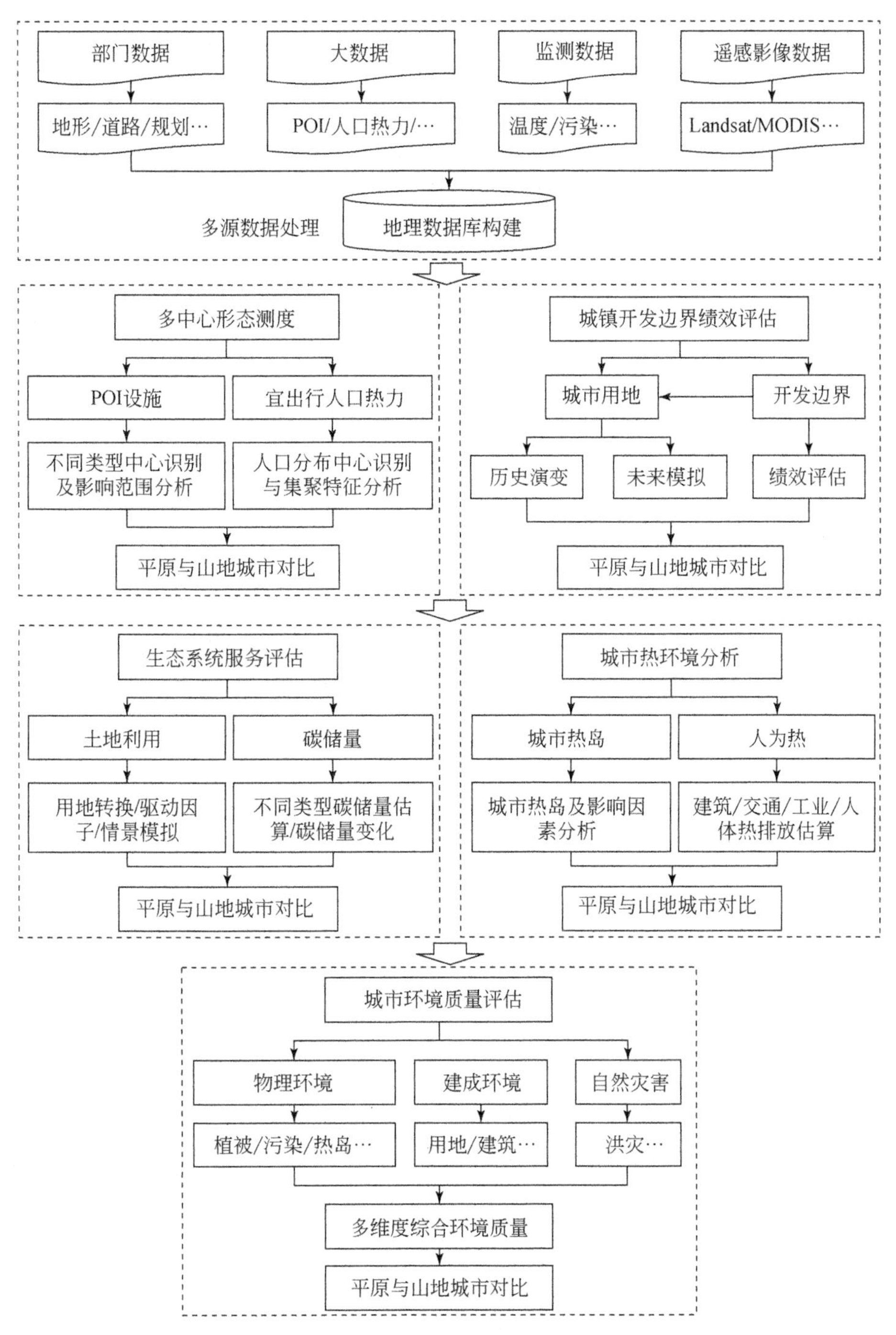
部门数据
大数据
监测数据
遥感影像数据
地形/道路/规划…
POI/人口热力/…
温度/污染…
Landsat/MODIS…
多源数据处理
地理数据库构建
多中心形态测度
POI设施
宜出行人口热力
不同类型中心识别及影响范围分析
人口分布中心识别与集聚特征分析
平原与山地城市对比
城镇开发边界绩效评估
城市用地
开发边界
历史演变
未来模拟
绩效评估
平原与山地城市对比
生态系统服务评估
土地利用
碳储量
用地转换/驱动因子/情景模拟
不同类型碳储量估算/碳储量变化
平原与山地城市对比
城市热环境分析
城市热岛
人为热
城市热岛及影响因素分析
建筑/交通/工业/人体热排放估算
平原与山地城市对比
城市环境质量评估
物理环境
建成环境
自然灾害
植被/污染/热岛…
用地/建筑…
洪灾…
多维度综合环境质量
平原与山地城市对比

图 1.2 技术路线图

第2章　基于POI大数据的多中心形态分析

我国城市规模迅速扩大，在空间上不断向外扩散并在外围再聚集，促使城市形态从原来的单中心结构逐步演变为多中心结构，形成规模、等级与职能具有显著差异的主/副中心[83,84]。城市形态成为城市规划与城市地理领域的研究热点之一。目前，国内外学术界对城市形态的研究主要涉及理论分析[6,9,83]、识别测度[28,85,86]和绩效评价，其中绩效评价又包括交通绩效[87,88]、住房绩效[49]、经济绩效[9,89]、能耗绩效[90]、治理绩效[91,92]等。国外城市形态研究起步较早，主要集中在欧美城市，采用多源方法识别城市形态与功能，较具代表性的研究包括Hall和Pain基于高端生产性服务业的网络分析[93]，Green的网络密度分析[43]，Burger和Meijers的通勤流分析[42]。国内城市形态研究大多采用地理空间分析、形态分析等方法，从人口、用地、产业、价格、交通、夜间灯光强度等不同维度进行城市形态与功能识别、空间绩效分析[94,95]。但受数据与技术的限制，国内实证研究大多根据各城市要素的空间分布从整体上表征城市形态，从城市内部不同职能类型来探索城市形态的尝试还不多见。

近年来，城市大数据研究的兴起，为城市形态测度及空间绩效分析提供了有效途径。最近的研究开始采用基于位置服务（LBS）的社交媒体数据、城市热力数据等大数据，并与常规普查数据、夜间灯光数据相结合，定量识别城市形态。考虑到传统数据和常规普查的限制，POI大数据提供了一种准确有效的替代方式，可在探究城市整体形态的同时，分不同职能类型对城市形态进行空间识别和定量研究，精细识别城市内部高度的空间分异特征。POI数据是真实地理实体的点状数据，具有空间和属性信息，精度高、覆盖范围广、更新快、数据量大，在城市研究中受到广泛应用[96,97]。目前，国内外学者基于POI数据的城市研究多数集中在城市形态研究[97,98]、城市边界提取[99,100]、城市人口时空变化[101]等多个方面。与传统调查方法相比，基于POI大数据对城市形态进行识别研究，可以有效节约调研时间并提高研究精度[96]。但是，目前利用POI数据开展城市形态研究尚不多见。

为此，本章基于高德地图POI数据，以成都和重庆为例，利用核密度分析、自然断点分类法、最近邻分析等方法，在整体上和不同功能类型上，分步识别研究区城市形态，探究不同职能中心的空间分异及统计聚类特征。对成都和重庆的对比研究，可揭示山地城市与平原城市的城市形态特征差异，总结城市发展的成效与不足，为城市规划提供借鉴。

2.1 数据与方法

2.1.1 数据来源

研究数据来源于高德地图POI数据。由于POI数据主要为导航地图所用，包含了城市中大部分实体对象的空间位置与属性信息，是实体对象在地图上的抽象表示，因此可近似认为POI数据包含城市空间中的所有研究对象[97]。在对获取的数据进行去重、纠偏与实地调研验证后，分别获得重庆40万余条与成都75万余条POI数据。根据城市的不同功能、高德地图POI分类体系，将POI数据分为以下六大类：生活服务类、商务类、金融保险类、公共服务类、休闲娱乐类与居住类（表2.1）。

表2.1 POI数据汇总

POI分类	包含内容	成都		重庆	
		数量/万个	比例/%	数量/万个	比例/%
生活服务类	餐饮服务、购物服务、生活类设施点	49.8	66.14	26.6	66.27
商务类	企业、公司	8.4	11.16	4.6	11.64
金融保险类	银行、自动提款机、保险公司、证券公司、财务公司	1.1	1.53	0.7	1.78
公共服务类	医疗保健服务、政府机构及社会团体、科教文化服务、交通设施服务	11.8	15.68	6.0	15.03
休闲娱乐类	运动场馆、高尔夫场馆及其附属设施、娱乐场所、度假疗养场所、休闲场所、影剧院、公园广场、风景名胜	1.9	2.56	1.1	2.79

续表

POI 分类	包含内容	成都		重庆	
		数量/万个	比例/%	数量/万个	比例/%
居住类	住宅小区、别墅、宿舍、其他居住相关楼宇	2.2	2.93	1.0	2.49
总计		75.3	100	40.1	100

2.1.2 研究方法

2.1.2.1 核密度分析

核密度分析在城市热点探索方面应用广泛[102,103]，主要用于计算空间点、线要素在其周围邻域中的密度，并对密度分布进行连续化模拟，以图像中每个栅格的核密度值反映空间要素的分布特征。本章利用核密度分析方法，探索研究区整体及不同类型 POI 数据聚集区，根据每个栅格内 POI 核密度值估计其周围密度，并通过对不同搜索半径下的核密度分析结果进行比较，从而选取最优搜索半径。

核密度函数计算公式如下：

$$f(x) = \sum_{i=1}^{n} \frac{1}{\pi r^2} \varnothing\left(\frac{d_{ix}}{r}\right) \tag{2.1}$$

式中，$f(x)$ 为 x 处的核密度估计值；r 为搜索半径；n 为样本总数；d_{ix} 为 POI 点 i 与 x 间的距离；$\varnothing$ 为距离的权重。

2.1.2.2 城市中心影响范围分析

相关研究表明，不同城市区域的要素聚集程度不同[96,97]。因此，本章基于 ArcGIS 软件的自然断点法，对 POI 核密度结果进行分类，分析城市中心/组团的影响范围。自然断点法分类是基于数据特征，对分类间隔加以识别，在数值差异相对较大处设置分割点，对相似值进行恰当分组，使组内差异较小和组间差异最大。

2.1.2.3 平均最近邻分析

采用平均最近邻方法，分析每个 POI 与其最邻近 POI 之间的观测距离，并计算所有最邻近距离的平均值。如果某类 POI 的平均观测距离小于假设随机分布的预期平均距离，则此类 POI 属于聚集分布，反之，属于离散分布。利用 ArcGIS 软件的平均最近邻工具进行分析，结果包含 5 个值：平均观测距离（d_i）、预期平均距离（d_e）、最近邻指数（R）、z 得分和 p 值。R 值越小聚集程度越高。平均最近邻统计的零假设为：输入要素属于随机分布，所以需要根据 z 得分和 p 值判断在一定显著性水平下是否拒绝“零假设”。计算公式如下：

$$R = d_i / d_e \tag{2.2}$$

$$d_e = 0.5 / \sqrt{N/A} \tag{2.3}$$

$$z = (d_i - d_e)\sqrt{\frac{N^2}{A}} / 0.26136 \tag{2.4}$$

式中，A 为研究区域面积；N 为 POI 总数；当 $|z| > 2.58$ 且 $p < 0.01$ 时，拒绝“零假设”（表 2.2）。

表 2.2　不同置信度下 z 得分和 p 值取值范围

置信度	p 值（概率）	z 得分（标准差）
90%	<0.10	<-1.65 或>+1.65
95%	<0.05	<-1.96 或>+1.96
99%	<0.01	<-2.58 或>+2.58

2.2 结果分析

2.2.1 城市中心识别与影响范围分析

2.2.1.1 基于核密度分析的城市中心识别

POI 核密度分析结果可用于分析城市形态。但是，不同的搜索半径会导致核密度分析结果表面光滑程度不同，搜索半径越大，结果表面越光滑。因此，搜索半径的取值对核密度分析至关重要[104]。根据已有研究[96,105]与研究区实际情况，分别设置 0.5km、1km、1.5km 与 2km 搜索半径进行对比研究。总体来说，较小的搜索半径，可识别出规模较小的 POI 聚集区；较大的搜索半径，能反映宏观尺度的多中心格局，具有良好的平滑效果。随着搜索半径的增长，局部 POI 聚集区不断融合，核密度等值线的平滑度逐渐提高。综合权衡城市中心识别的整体效果与局部结果，最终选取 1.5km 搜索半径进行核密度分析。

根据核密度分析结果，成都和重庆 POI 在空间上呈现明显的聚集分布（图 2.1和图 2.2）。成都 POI 主要集中在三环以内，具有明显 POI 核密度峰值，其中最高峰值位于天府广场—蜀都大道—春熙路附近；外围 POI 相对聚集区域主

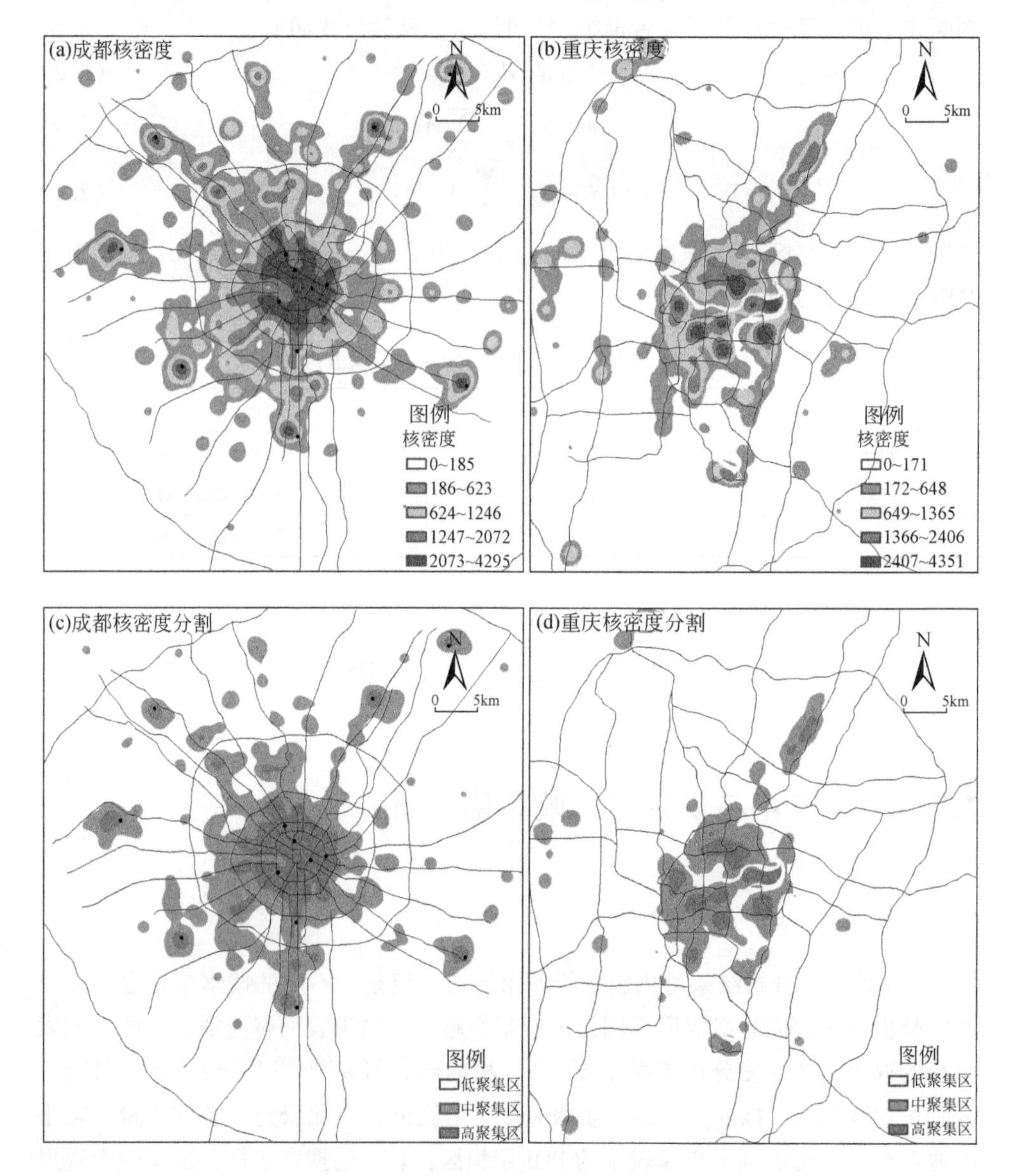

图 2.1　成都和重庆 POI 核密度与密度分割

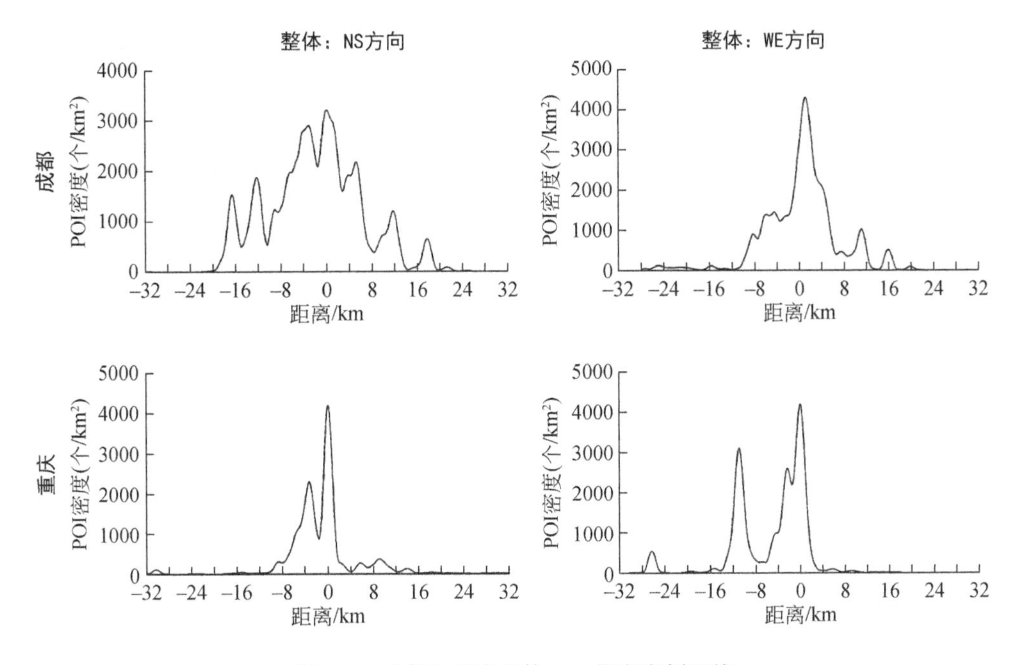

图 2.2　成都和重庆整体 POI 核密度剖面线

要位于郫都、新都、青白江、温江、双流、龙泉驿、天府新区。剖面分析结果显示，成都三环以内整体核密度值最高；三环以外核密度值逐渐降低；南北（NS）方向的核密度高于东西方向（WE）；总体上 POI 集中分布在主中心 8 ~ 12km 的缓冲区内。因此，成都主城区呈现明显的单中心主导形态，核心区由锦江、青羊、金牛、武侯、成华等中心区共同构成，三环以内是成都主城的主中心，新都、郫都、温江、双流、龙泉驿、青白江、天府新区等外围郊区的 POI 聚集相对较弱。

重庆 POI 聚集区主要分布在渝中、沙坪坝、大杨石、观音桥、南坪等主/副中心，内环以内的 POI 聚集强度明显高于内环以外。茶园、西永等城市副中心 POI 核密度相对较低，未形成明显的次高峰。外围的空港、北碚、李家沱等城市组团 POI 聚集程度已经超过茶园、西永副中心。剖面分析结果显示，重庆南北方向和东西方向均有明显的 POI 次高峰；总体上 POI 集中分布在主中心 8km 的缓冲区内；POI 分布受山体阻隔和河流切割影响显著。

2.2.1.2　城市中心影响范围分析

利用自然断点法对核密度结果进行密度分割，进一步分析城市中心的影响范围与要素聚集程度（图 2.1 和表 2.3）。成都 POI 聚集能力由内向外呈圈层式递减，其中 POI 高聚集区包括二环以内的全部区域和二、三环间的部分区域，以及通过地铁和高速相连接的城郊区。中聚集区环绕在高聚集区外侧，主要分布在四环以内，沿高速公路带状延伸（图 2.1）。高聚集区、中聚集区分别占研究区面积的 3.62%、10.78%，但各自聚集了 42.76% 与 40.5% 的 POI 数量。高聚集区、中聚集区 POI 密度分别是整体均值的 11.8 倍与 3.76 倍。低聚集区 POI 密度仅为整体均值的 19.51%。重庆 POI 高聚集区由内环以内多个不连续区域组成，中聚集区则主要分布在高聚集区外围。高聚集区、中聚集区分别占研究区面积的 1.68% 与 6.55%，但聚集了 38.15% 与 41.9% 的 POI 数量。低聚集区仅包含 19.95% 的 POI。

表 2.3　成都和重庆不同类型 POI 统计

区域		面积 /km^2	面积比 /%	POI 个数 /万个	个数比 /%	POI 密度 /(个/km^2)	d_i /m	d_e /m	R
成都	整体	3673	100	75.3	100	205	7.25	34.91	0.20
	高聚集区	133	3.62	32.2	42.76	2421	2.87	53.38	0.05
	中聚集区	396	10.78	30.5	40.5	770	5.55	54.82	0.10
	低聚集区	3144	85.6	12.6	16.74	40	22.94	85.51	0.26
重庆	整体	3159	100	40.1	100	127	10.78	57.83	0.18
	高聚集区	53	1.68	15.3	38.15	2887	4.48	94.35	0.04
	中聚集区	207	6.55	16.8	41.9	812	7.26	90.3	0.08
	低聚集区	2899	91.77	8	19.95	28	28.81	124.93	0.23

2.2.2　不同类型城市中心识别与影响范围分析

2.2.2.1　基于核密度分析的不同类型城市中心识别

受自然条件、历史发展、规划引导、人口流动等因素的共同作用，不同类型 POI 分布往往存在空间差异[97]。成都和重庆不同类型 POI 的数量占整体 POI 的比例较为类似。成都和重庆的生活服务类 POI 数量最多，占 POI 整体的 66% 左右；公共服务类 POI 数量次之，占整体的 15% 左右；商务类 POI 数量排第三，占整体的 11% 左右；居住类、休闲服务类、金融类 POI 数量较少，占整体的比例均未超过 3%（表 2.1）。从 R 值来看，生活服务类 POI 聚集程度较高（表 2.4）。核密度分析结果表明，成都和重庆不同类型 POI 空间聚集特征明显（图 2.3 和图 2.4）。

表 2.4 成都和重庆不同类型 POI 统计分析

分类	成都			重庆		
	d_i/m	d_e/m	R	d_i/m	d_e/m	R
生活服务类	7	43	0.16	11	71	0.14
商务类	33	105	0.32	40	170	0.23
金融保险类	55	282	0.19	58	432	0.13
公共服务类	28	88	0.32	35	148	0.23
休闲娱乐类	92	218	0.42	115	341	0.33
居住类	90	204	0.44	136	367	0.37

成都不同类型 POI 核密度高值区主要分布在三环以内，各类型 POI 受锦江分割形成多个峰值，其中生活服务、休闲娱乐类峰值差异较小，不同峰值间距离较近。POI 核密度剖面显示，东西方向的 POI 分布具有明显的单中心特征；南北方向受金融城和天府新区的影响，生活服务类、商务类、金融保险类 POI 具有一定的多中心分布特征。生活服务类 POI 高值区面积最大，围绕天府广场呈环状排列；商务类 POI 主要南北轴线分布，从天府广场延伸至金融城；金融保险类 POI 与商务类 POI 相似，主要沿地铁 1 号线分布；公共服务类 POI 高值区位于二环以内，锦江北岸 POI 聚集规模较大；休闲类 POI 高值区主要分布在二环以内；居住类 POI 高值区与生活服务类 POI 相似，被锦江分割。三环以外，各类型 POI 核密度迅速下降，各类型 POI 高值区位置与整体 POI 识别结果的空间匹配度较高。三环与四环之间，POI 核密度有小范围的隆起；四环与五环之间，除商务类的 POI 剖面线出现核密度相对较低的外围波峰。因此，成都三环以内是不同功能类型的城市主中心，呈现出“中心强、外围弱”的分布特征。

重庆不同类型 POI 核密度在内环以内具有多个聚集区，主要分布在渝中、沙坪坝、大杨石、南坪、观音桥等城市主/副中心。内环以外，除观音桥至空港的南北轴线外，不同类型 POI 聚集特征明显减弱。除商务类、金融保险类 POI 外，其余类型 POI 在空港、北碚、李家沱等外围组团仅有小规模聚集。从南北方向和东西方向的剖面线来看，不同类型 POI 核密度分析结果在内环以内均出现多个峰

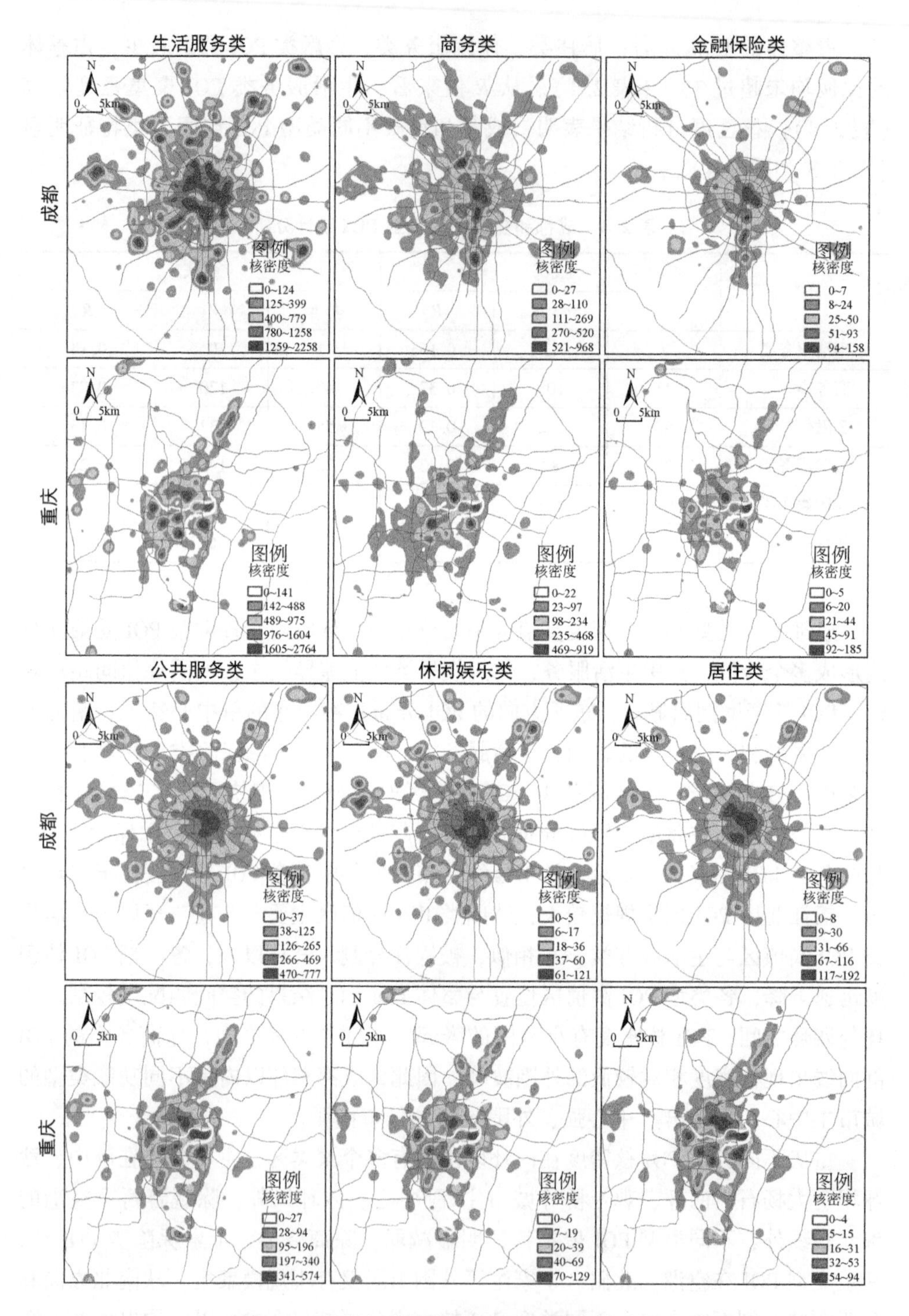

图 2.3 成都和重庆不同类型 POI 核密度分析

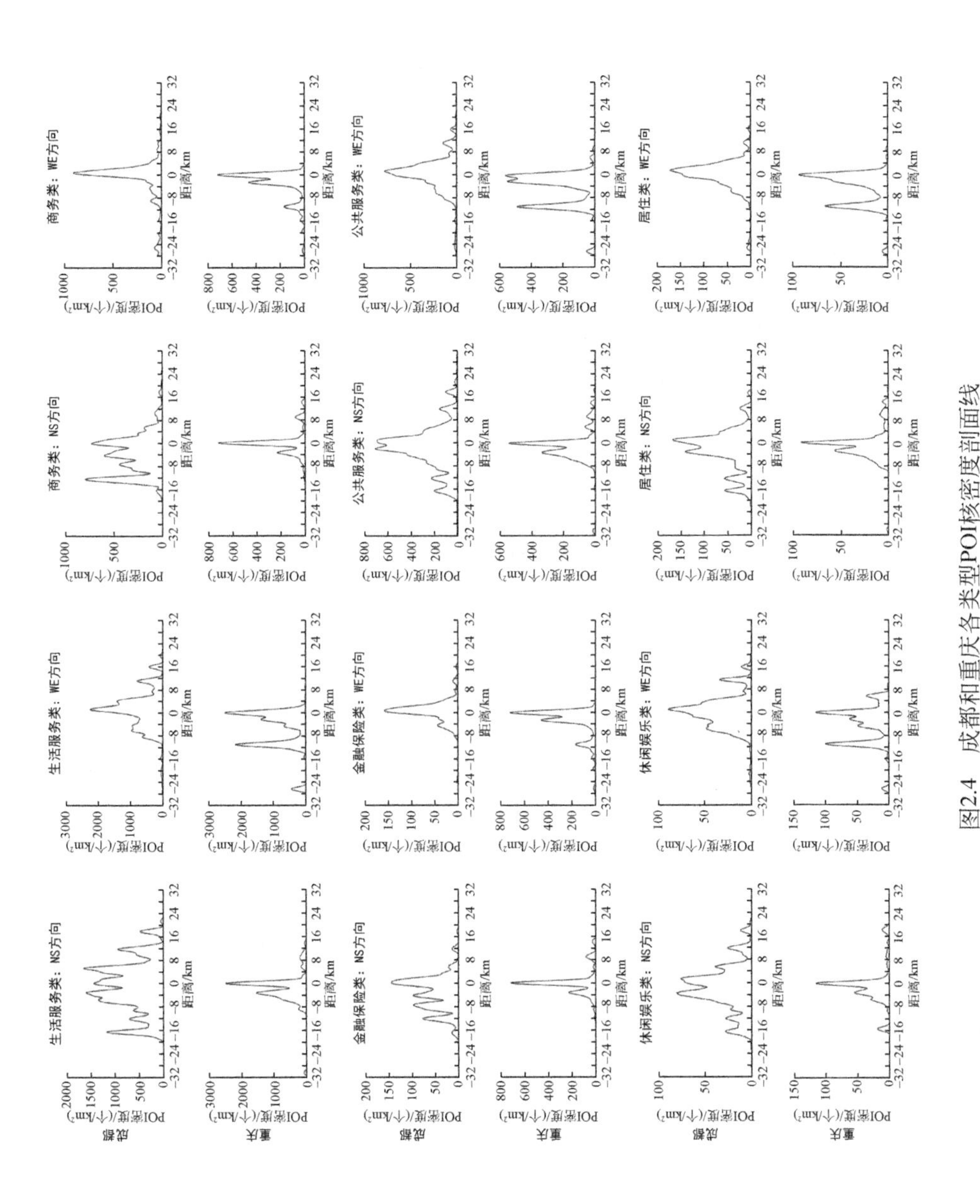

图2.4　成都和重庆各类型POI核密度剖面线

值，内环以内 POI 核密度峰值显著高于内环以外，这说明山水格局对剖面线的剧烈起伏具有显著影响。内环以内，商务类、金融保险类 POI 的核密度峰值差异较大，主要位于解放碑、观音桥、南坪等城市主/副中心。因此，重庆受山水隔离和城市环线影响，具有不同功能类型的多个城市中心，表现出明显的多中心分布特征。

2.2.2.2 不同类型城市中心影响范围分析

基于不同类型 POI 数据及其核密度分析结果，比较不同功能类型城市中心的影响范围。结果发现，成都各类型 POI 高聚集区空间分布与整体 POI 的识别结果类似（图 2.5）。除商务类、金融保险类 POI 外，其余类型 POI 在郫都、温江、双流、龙泉驿、新都、青白江等三环以外的区域有小范围聚集。商务类、金融保险类 POI 高聚集区除三环以内的主中心外，在高新区、金融城等区域形成了次高峰，导致其分布重心向南偏移。不同类型 POI 中，高聚集区面积最小，其面积占比从0.6%~4.57%，聚集了 22.48%~50.29% 的 POI 数量。根据最邻近比率和单位 POI 密度分析可知，金融类 POI 聚集程度最高，居住类 POI 聚集程度最低。因此，成都三环以内的城市主中心不同类型 POI 聚集作用明显，三环以外的区域对金融、商务保险类 POI 的聚集能力有待加强。

重庆各类型 POI 高聚集区由多个相对独立的区域组成，与整体 POI 分析结果具有空间相似性（图 2.5）。不同类型 POI 集中分布在观音桥、渝中、南坪、沙坪坝、大杨石等主副中心。除商务类、金融保险类 POI 以外，其他类型 POI 在大渡口、空港、北碚、李家沱等城市组团形成小聚集区。不同类型 POI 中，高聚集区面积最小、POI 密度最大，以不到 3% 的面积聚集了 30% 以上的各类型 POI（表 2.5 和表 2.6）。根据 R 值与单位 POI 密度可知，金融保险类 POI 聚集程度最高，居住类 POI 聚集程度最低。因此，重庆内环以内的主/副中心聚集了不同类型的 POI，内环以外的区域除商务、金融保险类 POI 外，其余类型 POI 主要分布在空港等外围组团。

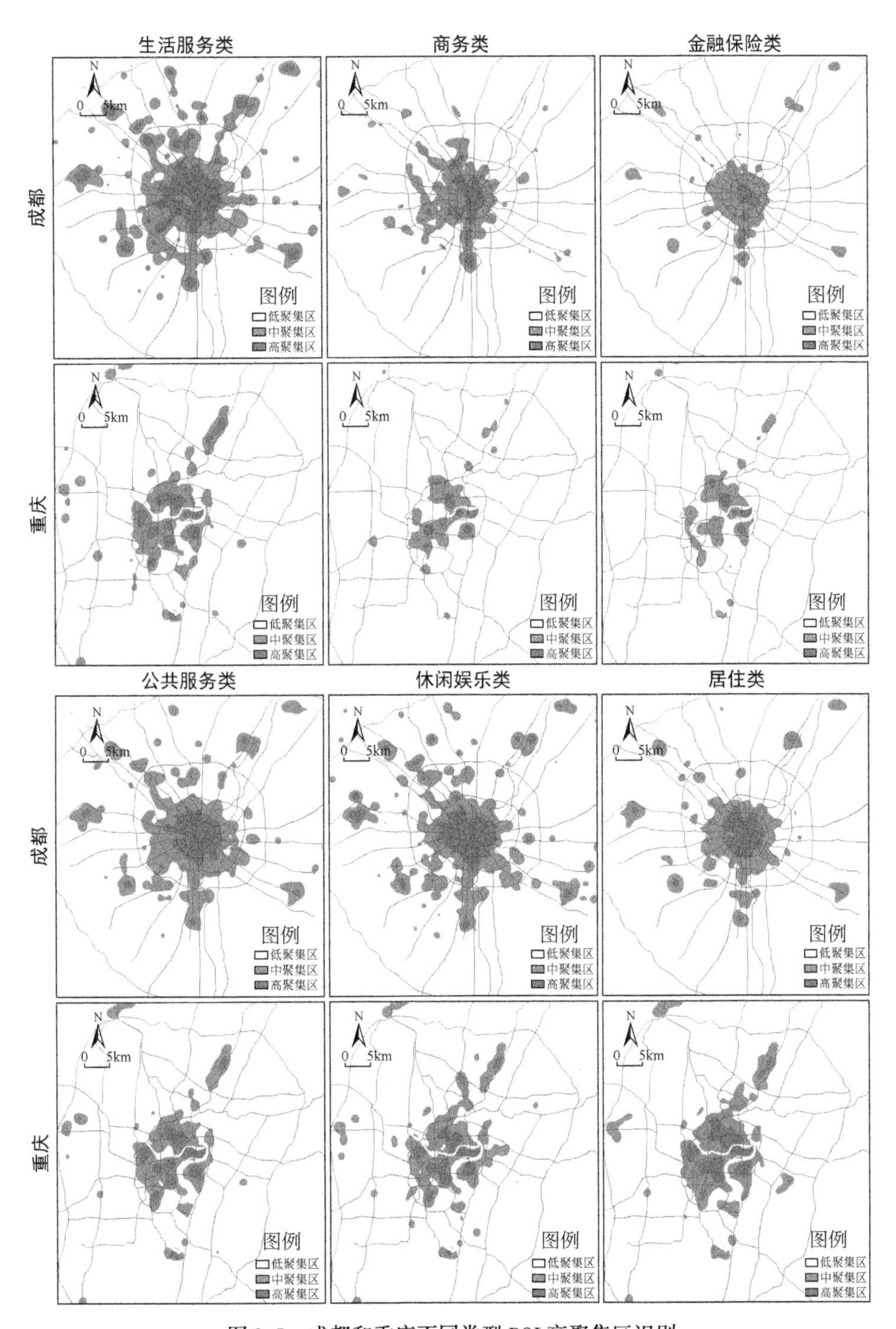

图 2. 5　成都和重庆不同类型 POI 高聚集区识别

表 2.5　成都和重庆不同类型 POI 高聚集区统计分析

功能分类		面积 /km²	面积比 /%	POI 个数 /万个	个数比 /%	POI 密度 /(个/km²)	d_i /m	d_e /m	R
成都	生活服务类	167	4.57	25.0	50.29	11	3.22	60.53	0.05
	商务类	54	1.47	3.0	36.02	24	6.22	174.12	0.03
	金融保险类	21	0.60	0.2	22.48	37	15.30	594.47	0.02
	公共服务类	91	2.50	4.0	34.06	13	13.09	151.06	0.08
	休闲娱乐类	119	3.24	0.7	40.77	12	36.87	342.10	0.10
	居住类	64	1.75	0.7	35.84	20	40.57	340.50	0.11
重庆	生活服务类	59	1.89	11.0	41.59	1850	5.13	111.15	0.04
	商务类	21	0.68	1.4	30.67	662	6.28	316.45	0.01
	金融保险类	17	0.54	0.2	28.41	119	14.21	820.76	0.01
	公共服务类	63	2.02	2.4	40.82	385	14.42	235.63	0.06
	休闲娱乐类	58	1.85	0.4	38.67	73	35.42	561.45	0.06
	居住类	76	2.41	0.4	41.29	54	58.39	575.08	0.10

表 2.6　成都和重庆中心/组团不同类型 POI 高聚集值区面积　（单位：km²）

类型		整体	生活服务类	商务类	金融保险类	公共服务类	休闲娱乐类	居住类
重庆	渝中	6.4	5.3	4.7	4.1	7.9	6.8	7.5
	大杨石	12.9	11.9	5.3	0.5	12.5	14.2	16.7
	观音桥	12.6	14.3	6.4	7.4	15.8	12.8	23.8
	南坪	5.6	5.7	2.8	2.7	6.7	6.6	8.2
	沙坪坝	5.0	5.9		0.6	6.3	4.7	6.4
	西永					0.2		
	茶园							
成都	中心	97.5	14.8	42.6	17.6	79.9	87.6	57.2
	双流	3.5	5.6			2.2	4.5	2.2
	郫都	6.7	12.2			2.2	4.6	0.9
	温江	4.9	6.9			2.5	8.6	1.6
	新都	3.8	1.3			1.7	4.1	1.9
	龙泉驿	3.4	5.4			1.6	4.9	
	青白江	1.7	3.2				0.6	
	天府新区	7.3	6.7	8.4	4.3	1.3	3.8	0.6

2.3 讨 论

2.3.1 POI 大数据下的城市形态识别方法

基于 POI 数据的分析为城市形态研究提供新的手段与视角，这一方法可以刻画城市内部不同区域的城市要素聚集度，快速有效识别城市空间结构，判断不同类型城市功能的空间分布特征，弥补了人口、价格、夜灯等常规数据的不足。POI 数据相比于传统土地利用数据，空间分辨率更高，具有良好的时效性与客观性，可以快速、准确地反映城市建设密度、产业聚集程度、功能完善性与设施可达性，从而为城市规划提供有力的决策支持。然而，POI 数据为空间上的抽象点，并未包含地理实体的范围、体量与等级信息。受数据限制，本书侧重从形态方面识别多中心结构，对其功能联系与动态演化的分析还有待加强。今后，可以探索 POI 数据的空间赋权方法，提高核密度分析的可靠性，并结合多源与多尺度数据，对城市形态与功能及其演化规律进行深入分析。

2.3.2 POI 大数据下的城市形态识别

POI 数据的分析结果表明，成都处于单中心向多中心过渡的阶段，从中心向外围 POI 分布呈现圈层式递减趋势。大量 POI 聚集在三环以内的主中心区域，聚集了 80% 以上的各类 POI，整体发展水平最高。金融城、高新区、天府新区等新兴开发区域，发展水平仅次于主中心；四环以外的双流、郫都、温江具有一定的要素聚集能力，总体发展程度相近；其余郊区卫星城的 POI 要素聚集能力较弱，POI 占比均低于 10%。生活类、公共服务类、娱乐休闲类、居住类 POI 分布的“单中心、圈层式”特征明显，而商务类、金融保险类 POI 由北向南呈现出带状延伸。因此，中心与外围的发展差距过大，是成都城市发展面临的主要问题。相比之下，重庆具有典型的多中心结构特征，内环以内的不同主/副中心发展水平相近，内环以外的西永、茶园等副中心发展相对滞后，外围的空港、北碚、李家沱等组团具有一定的要素聚集能力。在不同职能类型上，重庆也呈现出多中心分布特征，其中商务类、金融保险类、公共服务类、休闲娱乐类、居住类等不同职能中心的生长模式类似，但发育程度明显不同[96]。在发育程度上，内环以内的功能中心相对完善，内环以外的功能中心仍处于生长成熟期。因此，重庆未来城市形态将继续向外围分散，强化其“多中心、组团式”的空间形态。

将POI分析结果与城市规划进行空间叠加分析，结果表明，成都主城不同要素的空间分布呈现“单中心、圈层式”的特点，主中心位于三环以内，拥有最高的要素聚集程度与影响范围，开发强度大，功能混合度高。外围各组团发展水平相近，要素聚集程度、影响范围、建设规模远低于主中心。成都城市发展面临的主要问题包括：①中心和外围发展不均衡。三环以内集中了全市35%~50%的功能要素，对外围新城形成虹吸效应，导致中心城区过度拥挤，影响城市体系的均衡发展。②郊区新城的要素聚集能力不高。除郫都、新都、双流、天府新区以外，其他郊区新城尚未形成功能完善、相对独立的城市副中心，从而不能有效疏散主中心的人口与就业压力，可能会加剧往返式通勤。③南北主轴发展有待加强。成都的单中心、摊大饼式发展特征较为明显，沿主干路网向外呈环状和放射状发展。南部的天府新区正处于功能培育和提升阶段，作为主要增长极带领周边区域发展的作用有待加强。相比之下，重庆的“多中心、组团式”结构在历轮城市规划引导下不断完善，主/副中心功能完备、布局紧凑、发展水平相近，整体上符合城市规划的功能定位，内环外各组团基本解决了市政服务问题。但也存在以下问题：①近年来，城市发展重心明显向“两江新区”偏移，空港组团的发展程度甚至超过西永、茶园副中心，形成了POI密度的高值聚集区域，一些原有的规划组团出现粘连发展，呈现空间不均衡发展态势。②西永、茶园等外围副中心/组团的要素聚集能力较弱，各类城市功能有待进一步加强；悦来组团的发展水平距国际商务中心的定位还有一定差距。因此，成都和重庆可重点培育外围副中心/组团的产业孵化与孕育能力，提升基础设施建设与公共服务水平，对主城区POI聚集过密的功能区形成有效疏解，促进不同城市中心/组团之间的良性互动发展。

2.3.3 POI大数据下的城市形态特征分析

POI大数据的分析结果表明，成都和重庆在城市中心的格局、规模、要素聚集能力方面存在显著差异：①在格局方面，成都主中心与外围新城距离较远，平均距离为22km左右，且主中心内部出现多个峰值。重庆比成都的城市形态更为紧凑，主/副中心之间距离较近，平均距离为11km左右，各中心内部不同要素的峰值具有很高的空间重合度。②在规模方面，成都存在明显的“主强副弱”特征，主中心规模与影响范围明显大于外围新城，外围新城的 POI 高聚集区面积未超过 10%。重庆的主/副中心规模相对均衡、影响范围相近，不同要素下，除西永、茶园两个新兴副中心外，其他副中心高聚集区面积较为接近。③在要素聚集方面，成都主中心内各要素峰值明显高于外围，要素聚集能力最强，而重庆除商务、金融类外，各主/副中心对不同要素的聚集能力相近。但是，成都和重庆的 POI 特征也有相似之处：①生活服务类 POI 居多，其次为公共服务类和商务类；②不同类型 POI 分布特征与 POI 整体分布特征相似；③商务类、金融保险类 POI 大多聚集在城市核心区。

POI 结果反映了成都和重庆不同的自然地形和城市形态特征。①POI 分析结果表明，成都与其城市规划所倡导的“多中心、网络化”城市形态还存在一定差距，尤其是外围新城的发展还相对滞后[16,55]。重庆在山水格局限制下，不同中心之间布局相对均衡，功能相对独立，发展程度与规模大小相近，与成都的“强主城、弱副城”形成鲜明对比[95]。②不同功能类型的 POI 分析结果表明，成都外围新城的要素聚集能力不强、不同类型的城市功能有待发育[16]。相比之下，重庆观音桥、沙坪坝、杨家坪、南坪等副中心，对主中心的商务、居住与服务功能形成了有效替代，其城市要素聚集能力较强。③POI 分析结果与自然地形及空间规划进行叠加发现，成都的地形约束和生态约束相对较弱，随着原有城区趋于饱和，城市要素开始不断外溢，呈现由内及外的圈层式扩展，其城市形态发展更多仰赖于空间规划的引导和促进[55]。重庆的“多中心、组团式”结构是在山水阻隔、空间稀缺、生态脆弱等客观环境下的被动选择，也是规划引导下的主动适应[22]。“两江四山”的山水格局构成重庆多中心发展的自然本底，这决定其城市发展需沿水系、交通线与河谷低平地带向外扩张，甚至越过山水屏障进行跳跃式发展[19]。

2.4 本章结论

基于 POI 大数据，利用核密度分析、自然断点法、最近邻分析等方法，根据 POI 数据的空间分布特征与聚集程度，识别成都和重庆的城市形态，得出如下结论：

1）成都主城表现为“单中心、圈层式”的城市形态，三环以内为主中心，从中心向外围 POI 聚集度逐渐下降，四环以外的郫都、温江、双流、天府新区等具有小范围的 POI 聚集。不同职能类型的空间分布特征与整体类似，其中生活中心发展相对成熟，公共、休闲、居住中心发展相对滞后，商务、金融中心整体向南发展。总体上，成都外围的要素聚集度和功能混合度均有待提高。

2）重庆呈现典型的“多中心、组团式”结构，解放碑主中心及沙坪坝、杨家坪、观音桥、南坪、茶园、西永等副中心的POI聚集程度较高。不同POI类型下也具有明显的多中心分布特征，功能完善的副中心主要分布在内环以内。公共、休闲、居住中心发展较快，已经突破山水限制，脱离已有城区不断向外扩散。生活服务中心紧随其后，也呈多中心发展态势。而外围的商务与金融中心发育相对滞后，主要在核心区聚集。总体上，重庆外围的西永与茶园副中心发展程度和聚集功能有待加强。

合作作者：郑州大学段亚明老师、西南大学刘秀华教授、东京大学王红蕾硕士

第3章 基于宜出行人口热力的多中心形态分析

城市形态主要分为单中心和多中心等典型类型。其中，单中心形态通常指由单个城市中心为主导的城市空间结构，从中心向外围人口密度和土地价值不断下降。如果通勤成本偏低，且外部效应的衰减率较小，则聚集经济占主导，形成单中心城市。多中心形态通常指由多个不同等级、规模与职能的城市中心构成、具有多向功能联系的城市空间结构[24]，是应对交通拥堵、环境恶化等“城市病”所提出的城市发展策略[10]。多中心理念最早起源于霍华德的田园城市理论[106]，并由哈里斯正式提出[18]。多中心结构兼具聚集与分散的优势，既发挥了各城市中心的聚集功能，又避免单个中心由于人口和经济要素过度集中引起的外部性。多中心被视为理想的城市空间结构，广泛应用于国内外城市[14,107-109]，成为城市地理与城市规划领域的研究热点之一。

当前，国内外城市空间结构研究主要集中在城市形态与城市功能两个方面。城市形态方面主要根据人口[110]、产业[111]、建筑[112]、价格[113]、灯光[114]等不同城市要素的空间分布特征，描述城市中心的形态与规模[110,112]。城市功能方面则多基于交通流[115,116]、信息流[43]等“流空间”视角测度城市中心的网络结构。其中，从人口视角识别城市形态与功能的研究较多：第一，基于人口时空格局的形态分析。例如，基于人口普查与经济统计数据，分析人口密度的峰值分布，识别城市内居住与就业中心，并提取中心范围边界，进而分析各中心规模体系及其演变规律[117]。研究方法包括探索性空间数据分析（ESDA)、洛伦兹（Lorenz）曲线、人口密度模型等[10,118]。也有学者基于城市人口热力、社交媒体签到数据等大数据，对精细时空下的人口分布进行定量分析[114,119]。第二，基于人口流动的城市功能联系，如基于地铁刷卡、公交刷卡等城市通勤数据[120]和手机信令数据[121]，分析城市人口的通勤行为与职住关系[116]，进而探讨城市中心的影响范围、功能均衡与相互联系[43,115,122]。研究方法包括网络分析、核密度分析等[43,116]。近年来也有学者尝试从“形”与“流”两方面探讨城市形态与功能联系[43,109,123]。

随着人口普查、百度热力图、公交刷卡、手机信令等多源数据的发展，基于城市人口的城市形态分析精度得到显著提高。但是，目前的研究还存在以下不足：尽管人口普查数据覆盖范围广，但数据更新周期长，以行政区为统计单元，无法实时与精确反映城市人口的时空变化特征；百度热力图具有较高的时间分辨率，但由于是分级后的栅格数据，像元取值范围有限，空间分辨率不高，难以精细比较各城市中心/组团的人口聚集程度；公交刷卡数据记录了城市内部的公交、地铁运营状态，能准确反映人口流动情况，但无法准确反映人口空间分布特征；手机信令数据涉及大量城市人口活动信息，具有很高的时空精度，能够识别人群的出行轨迹与聚集程度，但数据获取成本较高，相关研究也以北京、上海等大城市居多[120-122]。相比而言，腾讯宜出行人口热力数据是一种人口分布热力图，通过记录腾讯公司相关在线产品的位置信息，以空间点数据（25m 间隔采样点）的方式呈现了人口热力值，具有获取成本较低、空间分辨率较高、实时动态变化的特点，可从人口动态变化视角刻画城市空间结构，弥补了传统普查数据与已有大数据的诸多不足，从而为定量识别城市内部的人口分布格局提供了新数据来源。然而，目前基于宜出行大数据的城市形态研究尚不多见，只有用于识别社区尺度城市功能划分的少量研究[124]。

为此，本章以成都和重庆为例，基于腾讯宜出行人口热力数据，利用核密度分析等空间分析方法，验证城市人口的多中心分布规律，比较不同中心/组团的发育特征及其差异。之所以选择成都和重庆为例，主要是考虑成都和重庆分别作为典型的平原城市与山地城市，在自然地形与规划引导的影响下，形成了具有显著差异的城市形态，在同类城市中具有代表性和典型性[125]。基于成都和重庆的案例研究，可为多中心城市的相关研究提供有益参考，为合理引导城市人口分布、优化公共设施配置、科学制定空间规划提供政策依据。

3.1 数据与方法

3.1.1 数据来源

宜出行人口热力数据来源于腾讯位置大数据服务窗口（https://heat.qq.com/），是基于腾讯系列产品大量的用户基数，记录了腾讯 QQ（8 亿用户）、微信（3.5 亿用户）、腾讯空间（6 亿用户）、腾讯游戏（2 亿用户）和腾讯网页（1.3亿用户）等腾讯产品活跃用户的实时位置，可以反映研究区人口的空间分布情况[124]。本研究通过Python程序获取了2018年典型周的研究区宜出行人口热力数据（包括五个工作日和两个休息日），获取间隔为2h。原始数据为CSV格式，包含count、经度、纬度、获取时间四个字段，其中count字段携带人口热力信息，基于ArcGIS软件根据经纬度信息，将原始数据转换为点数据（空间采样分辨率25m）。

3.1.2 研究方法

现有研究表明，城市内部人口的日常活动通常以周为单位呈周期性变化，工作日和休息日的人口分布具有一定的差异[119]。因此，基于不同时段宜出行数据制作人口热力图，进而分析人口空间聚集特征及分布规律。

3.1.2.1 核密度分析

核密度分析在城市热点探索方面应用广泛[125]。由于宜出行原始数据为空间点数据，因此利用ArcGIS软件的核密度分析工具，对宜出行人口热力数据进行还原（population字段设置为count），根据不同时段分析结果的峰值分布，识别研究区城市形态、分析人口空间分布特征。结合已有研究经验、城市形成识别的需要，经多次实验（0.5km、1km、1.25km、1.5km），发现搜索半径为1km时，模拟结果更接近腾讯大数据平台的热力分布图。同时，为了更好地反映人口分布规律、降低数据误差，对工作日和休息日相同时刻的核密度分析结果，通过栅格计算器计算其平均值用于进一步分析。

3.1.2.2 Zonal分区统计

由于不同城市区域的人口聚集程度不同，因此基于ArcGIS软件的重分类工具，利用自然断点法，识别人口热力数据中的不同聚集类型，在人口热力值变化明显之处设置不同组之间的分界线，使分类结果达到组内差异最小、组间差异最大。根据研究需要，划分为三组人口热力分类，分别命名为高聚集区、中聚集区、低聚集区。再根据ArcGIS软件的分区统计工具，计算不同区域不同时段的热力均值，分析各城市中心/组团的影响范围与不同时段的人口聚集程度。同时，鉴于城市内部人口集中区域往往拥有大量商业、金融机构与完备的生活、公共等服务设施，城市发展水平较高，因此在数据重分类的基础上，计算各中心/组团内部高聚集区和中聚集区的面积及占规划用地范围的比率，从人口角度分析各中心/组团的发展水平，并与已有研究进行对比。

3.2 结果分析

3.2.1 城市中心识别与时空变化分析

成都和重庆的人口分布具有明显差异：成都三环以内的主中心人口热力高值区域集中连片且影响范围较大，而重庆内环以内的主/副中心人口热力高值区域相对分散且较为均衡（图3.1～图3.3、表3.1）。成都和重庆工作日和休息日的人口热力值在空间分布上具有较大的相似性，主要差异体现在休息日城市外围人口热力分布更加分散，体现了居住郊区化的影响。基于POI数据和人口热力数据的城市形态识别结果具有相似性：两类数据识别出来的城市中心/组团在位置、等级、规模等方面基本相似，这说明城市设施和人口分布在空间上具有相似性。但是，与POI识别结果相比，人口热力识别出来的城市形态更加分散，且在外围呈现出更多的人口热力峰值，更加符合实际情况。究其原因，POI数据分布具有明显的空间聚集性，在主城核心区POI密度非常高，但在外围POI数据比真实世界更为稀疏，导致城市形态识别结果存在偏差。下面将针对人口热力的时序变化、空间分布、聚集程度进行分析。

(1) 时序变化。①成都工作日和休息日人口热力值的时序变化整体相似。成都高聚集区的人口热力值变化明显：7：00～9：00，高聚集区人口热力值迅速上升，开始出现多个人口热力峰值；9：00～17：00，三环以内人口不断聚集，人口热力值保持稳定，高聚集区逐渐融合；17：00以后，高聚集区人口热力峰值开始迅速下降，且休息日下降速度快于工作日。中聚集区的人口热力值远低于高聚集区，在时序上的变化主要体现在白天和夜晚的差异：7：00～9：00，中聚集区人口热力值上升；9：00～21：00中聚集区人口热力值维持稳定；21：00之后，中聚集区人口热力值开始下降。②重庆高聚集区工作日和休息日人口热力值的时序变化有相似性：7：00～9：00，高聚集区人口热力值迅速提升；9：00～17：00，高聚集区人口热力值相对稳定；17：00以后，高聚集区人口热力值逐渐降低。与成都相比，重庆高聚集区工作日的人口热力值普遍高于休息日，这说明重庆周末在城市外围居住人口占了较大比重。重庆中聚集区的人口热力值时序变化规律与成都类似，并显著低于高聚集区的人口热力值。③总体上，7：00～9：00，成都和重庆随着腾讯用户群体的增加及人群在城市中的移动，人口主要分布在城市主/副中心等高聚集区，这些区域提供了大量的就业机会和消费场所。17：00 以后，成都和重庆的城市居民陆续向外围移动，并减少对腾讯等社交媒体的使用，导致人口热力值出现明显下降。

（2）空间分布。①成都人口热力峰值区域主要集中在三环以内，是占支配地位的主中心；外围的郫都、温江、双流、天府新区、龙泉驿、新都、青白江等区域形成了相对较高的次高峰区域。成都工作日和休息日人口热力值空间分布具有一定相似性，但休息日比工作日具有更多的峰值，这说明工作日人口聚集程度更高。剖面分析结果表明，成都一环以内的人口热力值最高，具有典型的单中心形态，但在东西和南北方向的人口分布有所差异。东西方向上，人口热力值随着与中央商务区距离增加而迅速降低，在工作日和休息日的分布规模基本相同；南北方向上，人口热力值在城市外围形成多个次高峰，具有多中心结构的雏形，尤其是成都天府新区和高新区在休息日形成了人口热力次高峰，其人口聚集程度甚至高于中央商务区。②重庆内环以内具有多个明显的人口热力峰值，主要对应于解放碑、观音桥、沙坪坝、杨家坪、大坪、石桥铺、南坪等主/副中心。内环与外环之间的大学城、空港、李家沱、北碚等区域也拥有相对较高的次高峰，反映了人口与就业分布相对密度高于周边地区。西永和茶园作为外围副中心，其人口热力未呈现明显的峰值，这说明人口聚集程度滞后于规划预期。与成都一样，重庆工作日和休息日的人口热力分布具有相似性，尤其是体现在峰值的数量和位置上。剖面分析结果表明，重庆南北和东西方向的人口热力分布有显著差异，但都呈现出明显的多中心结构。南北方向上，解放碑的人口热力值最高，往南方向的南坪则出现了次高峰区域；东西方向上，解放碑至大坪的人口热力值最高，往西方向的沙坪坝出现了次高峰区域。

（3）聚集程度。①成都工作日和休息日的人口热力高聚集区主要分布在三环以内。四环以外的高聚集区零散分布在郫都、温江、双流、龙泉驿、新都、青白江等区域，这说明外围新城具有一定的人口聚集功能。成都工作日和休息日的高聚集区面积分别为 154km^{2}和 209km^2，且高聚集区的人口热力值约为中聚集区的 2 倍以上，这说明高聚集区的人口分布非常集中。②重庆工作日和休息日的人口热力高聚集区主要分布在内环以内。内环以外的北碚、空港、李家沱、大学城等组团也有零星的高聚集区分布。一天 24 小时内和工作日/休息日，高聚集区未出现明显位移。重庆工作日和休息日高聚集区的面积分别为 94km^{2}和 99km^2，在

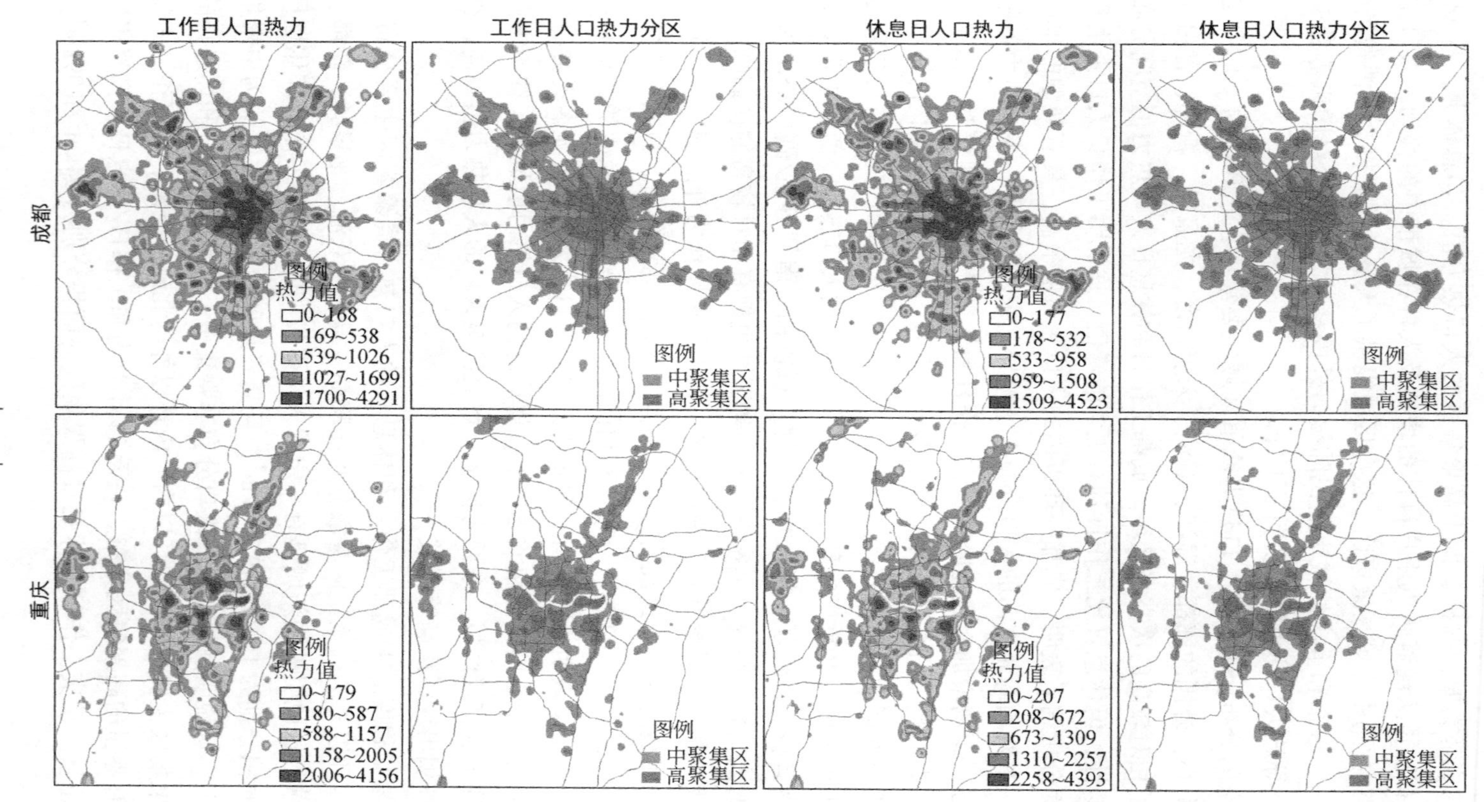

图3.1　人口热力核密度分析与密度分区

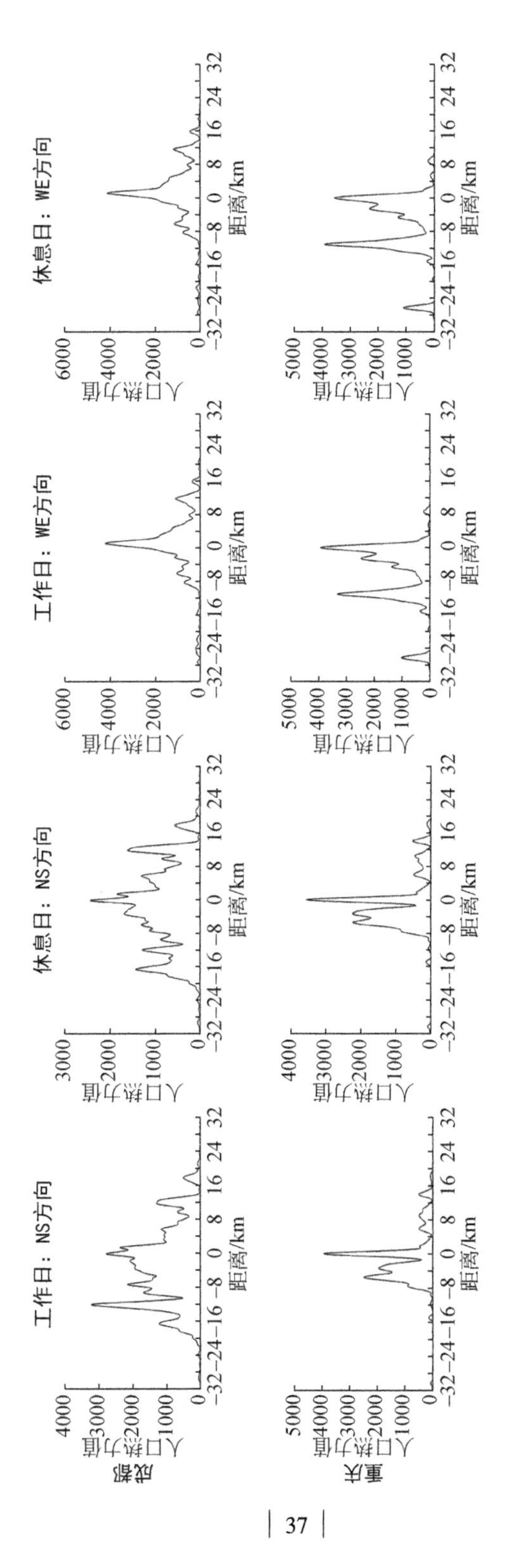

图 3.2　人口热力核密度值的剖面变化

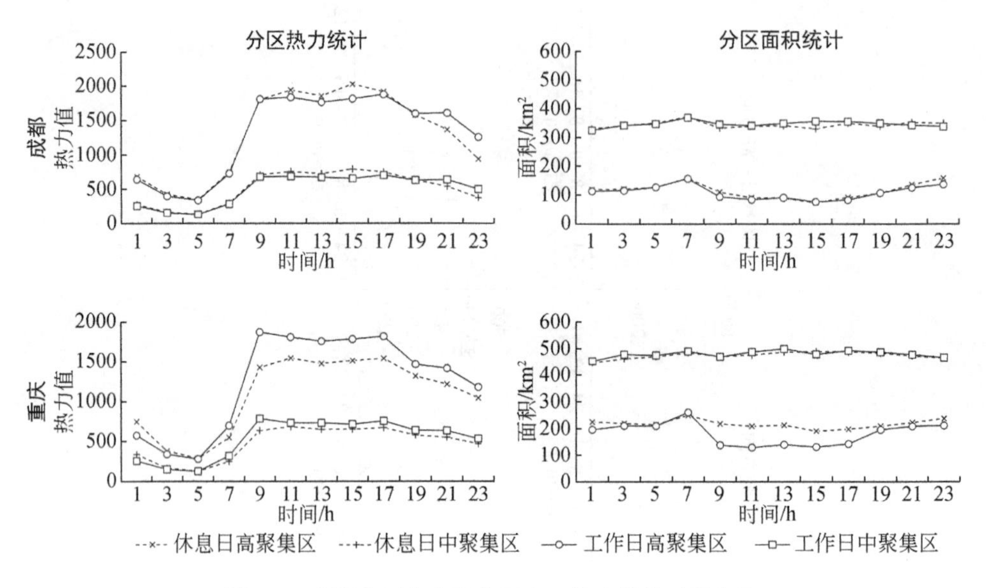

图 3.3 高聚集区与中聚集区人口热力值的时序变化

表 3.1 工作日和休息日人口热力值的分区统计

区域		工作日				休息日			
		均值	最大值	最小值	面积/km^2	均值	最大值	最小值	面积/km^2
成都	高聚集区	1674	4291	1195	154.21	1429	4523	1029	209.7
	中聚集区	718	1195	387	478.63	631	1029	337	481.88
重庆	高聚集区	1723	4156	1068	94.56	1773	4393	917	99.66
	中聚集区	666	1553	265	348.38	700	1368	192	340.31

面积上小于成都的高聚集区。与成都相比，重庆人口热力高聚集区并不集中连片，而是较为分散、相对独立，反映了主/副中心均具有不同程度的人口聚集功能。

3.2.2 中心/组团人口聚集特征比较

对成都和重庆中心/组团不同时序上的人口热力均值进行分区统计（图 3.4、表 3.2）。①成都中心/组团工作日人口热力均值比休息日高 25% 左右，工作日人

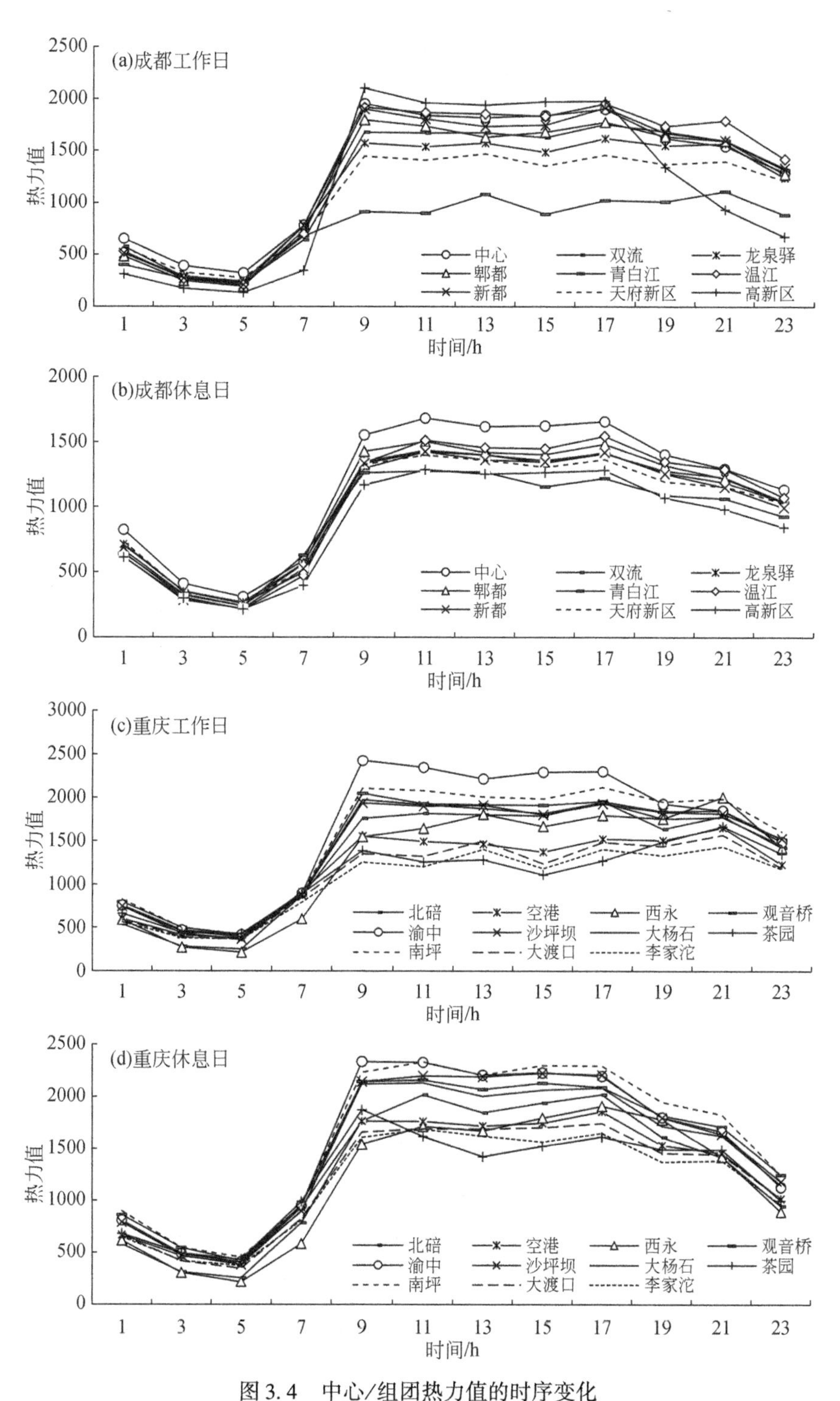

图 3.4　中心/组团热力值的时序变化

表 3.2　中心/组团平均热力值

区域		工作日		休息日		整周	
		平均热力值	排序	平均热力值	排序	平均热力值	排序
成都	主中心	1655	2	1430	1	1543	1
	温江	1699	1	1304	2	1501	2
	新都	1638	3	1230	6	1434	3
	郫都	1567	4	1295	3	1431	4
	双流	1534	7	1233	5	1384	5
	龙泉驿	1454	8	1254	4	1354	6
	新天府	1542	6	1136	8	1339	7
	高新	1566	5	1091	10	1328	8
	天府	1319	9	1206	7	1262	9
	青白江	946	10	1123	9	1035	10
重庆	渝中	2193	1	2101	2	2147	1
	南坪	2033	2	2155	1	2094	2
	观音桥	1921	3	2010	4	1965	3
	沙坪坝	1875	4	2050	3	1962	4
	大杨石	1865	5	1955	5	1910	5
	北碚	1791	6	1795	6	1793	6
	西永	1745	7	1683	7	1714	7
	空港	1510	8	1683	8	1597	8
	大渡口	1416	9	1619	9	1517	9
	茶园	1353	10	1568	10	1461	10
	李家沱	1317	11	1548	11	1433	11

口聚集程度大于休息日。工作日内，成都高新区在9：00～17：00维持较高的人口热力值，但早晚时段出现明显下降，这反映了技术经济开发和工业园区白天人口聚集、夜晚人口骤减的特点；青白江区的人口热力值普遍较低，未形成明显的峰值区域。休息日内，成都三环以内的城市中心是人口聚集的核心区域，这反映了主中心是城市居民消费和休闲的主要区域。休息日的早高峰在9：00～11：00，在时间上稍晚于工作日9：00的早高峰。工作日和休息日的晚高峰均在17：00左右，之后不同中心/组团的人口热力值逐步下降。由此可知，休息日城市居民较少上班通勤，导致早高峰较工作日推迟。工作日城市居民往往在早晨7点出

发，向高聚集区流动，在上午 9 点形成人口热力峰值；下午 5 点城市居民陆续下班，手机使用频率逐步降低，中心/组团的人口热力值出现回落。无论是在工作日还是休息日，9：00～17：00 是城市居民社交媒体使用频率高的峰值时段，人群位置相对固定，人口热力值相对稳定。②重庆中心/组团在工作日和休息日人口热力值变化规律与成都相似。不同中心/组团工作日的人口热力均值高于休息日。工作日和休息日，9：00～17：00，内环以内的渝中（含解放碑）和南坪的人口热力值非常高，观音桥、沙坪坝、大杨石的人口热力值也相对较高，主/副中心的差异较小；内环以外的北碚和西永人口热力值出现次高峰，茶园和李家沱的人口热力值较低。13：00，各中心/组团的人口热力值有小幅波动，可能与中午居民就餐或午休有关。重庆中心/组团的人口热力均值普遍高于成都中心/组团，这说明重庆人口高度聚集在范围更小的区域。重庆各个中心/组团人口热力值在工作日和休息日的排序没有明显变化，与成都中心/组团的排序变化形成对比，这说明重庆的城市空间结构相对稳定。

3.3 讨　论

3.3.1 基于宜出行大数据的城市形态识别方法

宜出行人口热力分析结果显示：①成都人口分布具有单中心主导向多中心过渡的特征，而重庆人口分布则呈现出多中心主导特征。成都人口热力值表现为“单中心、圈层式”的分布特征，三环以内的主中心人口聚集明显，人口热力值从中心向外围逐渐下降，在四环以外的郫都、温江、双流、天府新区、龙泉驿、青白江、新都等外围新区具有相对高值，但人口聚集规模不大。②重庆内环以内是人口核心聚集区，聚集程度显著高于外围，各主/副中心人口聚集程度相近。内环以外的新兴城市组团人口聚集规模较小，北碚、空港等原有城市组团的人口聚集规模接近甚至超过茶园、西永等副中心。③与 POI 数据的识别结果相比，两类数据划分的高聚集区、中聚集区具有较高的空间邻近度，这说明人口高聚集区内汇集了大量不同功能的服务设施。其中，工作日商务、金融等 POI 类型有较强的吸引人口能力，休息日其他 POI 类型有较强的人口聚集作用，因而导致休息日中心/组团人口热力较高。

基于宜出行大数据的城市中心/组团识别，可以快速而准确地识别城市形态，反映不同区域、不同时段的人口聚集特征，从而为城市形态研究提供新的方法。相比于传统普查数据，宜出行人口热力图的空间分辨率更高，更新频率较快，具有较好的时效性与分析精度，可以满足从社区到城市等不同尺度的研究需要。更重要的是，此类数据获取成本很低，可用于大量城市的比较研究。需要说明的是，宜出行人口热力值表征某一区域人口的相对密度，而非绝对密度。考虑到社交媒体用户的使用习惯，人口热力数据在 9：00 ~ 19：00 的聚集效果最为明显。受人口热力数据本身的限制，本研究主要识别了城市形态，而较少涉及城市功能。今后，可结合多源数据，从“形”和“流”两个维度探讨城市形态的形成与演变。

3.3.2 人口多中心分布格局的成因分析

从人口热力分布来看，成都和重庆具有不同的城市形态和人口分布格局，其主要驱动因素可能包括自然环境、经济发展、城市规划。

（1）自然环境

成都地处成都平原的腹地，地势平坦开阔。成都具有两江环抱的自然格局，缺少与重庆类似的自然屏障，城市发展历来以同心圆式为主。1996 年以前，成都建成区主要以“轴向扩展”与“内部填充”交替方式向外圈层式扩张，形成人口分布“主强副弱”的城市形态。因此，成都以单中心为主的人口聚集模式带来了人口拥挤、交通拥堵、污染加剧、职住分离等一系列“城市病”。

重庆山水阻隔和空间有限奠定了其“多中心、组团式”格局的本底[22,126]。重庆早期城市人口高度聚集于狭长的渝中半岛，并沿河谷平坝地带向外扩散。由于山体阻隔和江河下切，内环以内形成了主/副规模均衡的多中心结构，而中梁山与铜锣山更是将西永、茶园副中心与原有建成区相隔离。重庆的“主副均衡”与成都的“主强副弱”形成鲜明对比[16,95,127]。

（2）经济发展

成都在 1996 年之前的经济活动主要集中于三环内侧。抗日战争期间，沿海、沿江等地区人口内迁，使成都成为抗日战争后方的重要基地，城市规模逐渐向外溢出。三线建设时期，成都是西南地区三线建设的指挥中心，其逐步由传统商贸城市过渡到现代工商业城市。改革开放以后，成都经济进入快速发展期，老城区户籍人口迅速增加。1996 年以后，成都建成区已突破三环，中心城区常住人口超过 200 万人，人口逐步向三环外围的新都、龙泉驿、双流等区域转移。2008

年，成都中心城区 160 多家大型企业整体向外围的成华、锦江、龙泉驿、青白江、新都等区域转移。2012 年，成都“北改”战略进一步将人口疏散到金牛、成华、新都等区域。随着经济要素扩散与聚集，成都形成以三环以内老城区为主中心，以郫都、温江、双流、龙泉驿、青白江、新都、天府新区等为外围新城的城市形态。

重庆自从开埠后，城市商贸功能不断得以强化，人口不断向渝中半岛聚集[128]。抗日战争时期，重庆作为战时陪都，来自全国的政府、军工、教育、金融等机构根据分散、隐蔽的城市发展策略，在沿江地区形成了不同功能的副中心与组团，直接导致城市人口的分散化[128]。三线建设时期，重庆承接大量军工及其他重工业企业，使人口多中心格局进一步强化[128]。改革开放后，市场经济促进了重庆核心区的“退二进三”和服务业的兴盛，原有的城市中心逐步演变为金融、购物、娱乐、文化、旅游等产业中心，如解放碑、观音桥、沙坪坝、南坪、大杨石[125,128]。

（3）城市规划

成都城市规划经历了从单中心为主转向多中心发展的阶段。1956 年版城市总体规划强调功能分区，设置环状放射性交通网络，由中心向外紧凑发展，奠定了东城生产、西城居住的人口分布格局。在 1959 年版、1963 年版、1973 年版、1984 年版城市总体规划中，成都主城区城市开发主要集中在二环以内，以旧城改造、完善功能为主，人口单中心分布格局得到强化。1996 年，城市开发已经突破原有规划范围，三环以内人口与用地矛盾突出。1996 年版城市总体规划提出以中心城区为核心、外围卫星城为基础的城市形态，中心城区内部以旧城改造为主，逐步疏解旧城人口，外围华阳、龙泉、新都、青白江等 7 个卫星城接纳产业和人口外迁，分担部分城市职能；中心与外围通过环状与放射状路网相联系。2011 年版城市总体规划纳入天府新区规划，用于疏解主中心的人口。2016 年版城市总体规划将高新南区并入天府新区，试图向多中心城市形态转型。②重庆长期坚持的多中心规划策略，在很大程度上促进了人口多中心格局的形成[126]。1960 年，重庆第一版城市总体规划确定 9 个片区与 4 个卫星城，提出了“有机松散，分片集中”的发展思路，并一直沿袭至今[128]。1980 年与 1996 年的城市总体规划均以建设观音桥、南坪、沙坪坝、石桥铺副中心为重点[128]。2007 年，新规划的西永、茶园副中心及 2014 年设立的“两江新区”则是对现有多中心体系的发展与强化。重庆城市总体规划在多中心建设中也十分注重各组团内部的职住问题，并配置相应数量居住用地保证职住的空间平衡，使重庆形成形态与功能兼备的多中心体系[22,126,129]。在工作日、休息日中，人口热力峰值未发生明显空间位移，说明城市内部就业与居住中心有较高的空间重合度。

3.3.3 人口多中心分布视角的规划绩效

将研究结果与城市总体规划方案进行对比，结果发现：

1）成都主城人口空间分布呈明显的“单中心、圈层式”形态，与规划所倡导的“多中心、网络式”形态还有一定差距。成都主中心位于三环以内，人口聚集程度与影响范围最高。外围新区的发展水平相近，人口要素聚集规模与影响范围远低于主中心。成都目前面临的主要问题有：①中心/组团发展不均衡。老城五区面积仅占主城区总面积的13%左右，但其人口却占主城区总人口的49%左右。三环以内拥有完善的功能与产业，对外围新城形成虹吸效应，导致人口不断涌入中心城区，影响多中心体系的形成与发展。②主中心呈现摊大饼式扩张。成都外围并未形成大规模的人口聚集区，导致城市人口大多沿主干路网向外扩散，呈放射状、圈层式蔓延发展趋势，侵蚀规划预留的隔离空间。③中心/组团出现粘连发展。四环以外的郫都、新都、双流、天府新区等城市新区与主中心之间未形成空间隔离，出现建成区粘连发展和摊大饼式蔓延，导致卫星城人口沿放射状路网向心聚集，加剧了主中心的人口就业与居民通勤负担，不利于形成功能完善、独立运转的城市副中心。

2）重庆人口分布呈现出“多中心、组团式”形态，与规划提倡的“大分散、小集中”目标相符合。重庆内环以内的核心区，经过历轮城市规划的不断强化，主/副中心人口聚集规模相近，显著高于内环以外的区域。外围新规划的副中心/组团发展时间相对较短，人口聚集规模不足，除少数组团外发育相对缓慢。重庆目前的主要问题有：①人口空间分布不均。两江新区、高新区发展使城市发展重心不断向北和向西移动，但两江新区的人口聚集能力超过西部高新区，这说明高新区的人口吸纳能力有待增强。②内环两侧的中心/组团发展差距过大。内环以内五个主/副中心的人口聚集能力相近，以不到研究区10%的面积承载了44%左右的城市人口，从而导致这一区域房价攀升和交通拥堵。相比之下，外围的西永、茶园副中心的人口聚集水平还有待加强。除北碚、空港、李家沱、大学城以外，其他外围组团的用地扩张明显，但人口聚集能力还十分有限。观音桥、礼嘉、人和、悦来、空港组团出现了粘连发展，土地城镇化速度远大于人口城镇化速度，城市开发突破了城市总体规划设定的绿带隔离边界。

基于上述问题，本书提出以下对策：①加强外围中心/组团的基础设施建设，提升医疗、教育等公共服务与购物、休闲等生活设施的供给水平，提高外围吸纳人口的能力，促进核心区人口与产业向外疏解，减轻城市核心区的人口承载压力；②通过永久基本农田与城市开发边界政策，抑制城市蔓延与组团粘连发展，约束外围新城建成区低效扩张，倒逼外围区域提升土地利用强度，通过设置楔形绿带防止城市建成区摊大饼式蔓延，促进多中心体系均衡发展；③中心/组团内部采取公交导向模式（TOD），引导中心/组团人口与产业的内部聚集，减少城市人口的潮汐式、往返式通勤，不断培育城市活力。

3.4 本章结论

基于宜出行人口热力数据，采用核密度分析方法，刻画人口热力数据空间分布特征，识别成都和重庆城市形态、分析中心/组团发育程度。研究发现，成都人口分布形成明显“主强副弱”的空间格局，人口热力高聚集区集中连片分布在三环以内的主中心；郫都、温江、双流、天府新区、龙泉驿、新都、青白江等外围新城形成了人口热力次高峰，但其人口聚集水平远低于主中心。重庆城市形态呈明显的“多中心、组团式”特征，人口热力高聚集区较为分散、相对独立；内环以内的主/副中心呈现多个人口热力高聚集区，人口聚集度水平与发育程度相近；内环以外的西永、茶园、西彭、鱼嘴、界石等组团发育尚不成熟，组团内的人口聚集水平有待进一步提高。成都和重庆中心/组团的人口由早上7点开始聚集，9点左右形成人口热力峰值，并维持到下午5点左右，之后人口热力迅速降低。上午9点到下午5点是城市居民社交媒体使用频率高的峰值时段，人群位置相对固定，人口热力值相对稳定。工作日和休息日的人口聚集能力有明显差异，成都休息日主中心人口聚集能力更强，重庆工作日主中心人口聚集能力更强。重庆中心/组团的人口热力均值普遍高于成都中心/组团，反映重庆人口高度聚集在范围更小的区域。

合作作者：郑州大学段亚明老师、西南大学刘秀华教授、西南大学何东硕士

第4章 不同多中心形态下的城镇开发边界绩效差异

城市蔓延作为一种低密度、跳跃式、用途单一和空间破碎的城市开发模式[130-132]，已经成为全球城市普遍面临的问题[133]。中国作为最大的发展中国家，也出现了严重的城市蔓延和无序扩张现象。2004～2021年，我国城市建成区的增长率为105.3%，但城市人口的增长率仅为68.4%。城市蔓延产生了各种负面影响，包括耕地流失、交通拥堵、环境污染、职住错配等严重问题[134-136]。以往的国土空间规划较注重自上而下严格分配土地规划指标，不断引导城市发展[137]。然而，指标分配方法较少关注资源空间配置问题，致使城市景观碎片化的问题难以得到有效解决[138-140]。为此，新一轮的国土空间规划提出了划定“三区三线”的要求，其中城市增长边界（UGBs）或城镇开发边界（UDBs）兼顾了土地规划指标与指标空间配置。城市开发边界本质是为了划分城乡空间边界[141]，只允许边界以内的区域进行城市开发，从而限制边界以外的城市蔓延[142]。2014年，我国14个城市同步开展城镇开发边界划定试点工作，积累了大量划定城镇开发边界的技术方法和实践经验[143]。2022年，城镇开发边界在我国全面铺开和落地，因此迫切需要开展相应的绩效评估，分析其是否能实现预期的政策目标[144]。

学术界就“城镇开发边界能否缓解城市蔓延”这一问题开展了大量经验研究，但得出的结论却不尽相同、甚至截然相反[145,146]。部分学者认为，城镇开发边界能有效抑制城市蔓延。例如，Weitz和Moore[145]研究发现，美国俄勒冈州新开发区域主要发生在位于城市增长边界以内的核心区。Moore和Nelson[147]研究认为，大多数情况下俄勒冈州的城市开发受城市增长边界的有效引导。Wassmer[148]研究认为，在美国，大多数采用强制性增长管理措施的城市可以有效减少城市扩张规模。Gennaio等[141]证实，瑞士的城市增长边界有效引导了土地开发，并提升了边界以内的建筑密度。相反，另一部分学者对城市增长边界的有效性提出了质疑。例如，Hepinstall-Cymerman等[149]研究发现华盛顿城市增长边界以外的区域城市蔓延泛滥。Jun[150]指出，波特兰城市增长边界致使城市开发不断外溢，波及邻近的华盛顿州克拉克县。Schuster Olbrich等[151]的研究表明，由于法规相对薄弱，智利圣地亚哥城市增长边界以外的城市扩张问题更严峻。Han 等[152]的研究指出，北京城市建设用地边界对边界以外非正规开发的遏制作用较为有限。因此，城镇开发边界需要因地制宜开展评估，尤其是需要注意国家和地区之间的显著差异。

实时准确地评估城镇开发边界的有效性，可有效避免城市发展不断突破划定的边界[153]。已有研究基于土地供应与价值变化、住宅数量及密度变化、人口空间分布等维度，采用不同指标评估了城市增长边界绩效[154-156]。例如，Galster 等[157]提出了一系列城市形态指标，包含密度、连续性、集中性、聚集性、中心性、功能混合度、邻近性等指标，用以衡量城市开发绩效。Knaap[155]从土地供应、开发时序、地理位置等不同角度，分析了城市增长边界对房地产价格的影响。Nelson 等[154]探讨了城市增长边界限制对居住隔离的影响。考虑到规划政策的多目标特征，Hopkins 提出了基于一致性检验和效度评估的逻辑框架，综合评估空间规划政策的有效性。基于这一框架，Han 等[152]和 Long 等[158]对北京的研究发现，城市建设用地边界（UCBs）未能有效抑制违法开发。Tan 等[144]的研究中发现，武汉的生态红线作为空间管控措施也未能有效遏制城市蔓延。

对以往的文献梳理发现，城镇开发边界评估还可能存在一些不足之处。第一，已有研究主要关注城镇开发边界划定的规模和范围，较少关注地形差异和城市形态差异对城镇开发边界有效性造成的可能影响[159]。我国幅员辽阔、地形复杂多样、区域差异显著，这无疑对城镇开发边界的“一刀切”政策实施带来更大的挑战。尽管一些研究已经注意到城镇开发边界划定的区域差异[160]，但对我国多山的复杂地形及其对城镇开发边界效力的影响，尚未给予足够的关注。值得指出的是，我国平原城市逐渐从单中心开发向多中心开发转变[161]，在此情况下，城镇开发边界究竟能否有效控制外溢式蔓延，目前尚无明确结论。相较之下，山地城市受山水格局自然隔离的影响，往往会形成“多中心、组团式”的城市形态。近年来，山地城市不断向外进行跳跃式开发，突破组团隔离带和自然山水屏障，不断向外侵占敏感的生态地带，给城市发展带来巨大压力[126]。因此，在山地开发空间有限的情况下，城镇开发边界能否有效抑制“跳跃式”蔓延，仍然具有不确定性。综上，考虑地形的复杂性和城市形态的多样性，有必要对城镇开发边界绩效展开分类评估和横向比较。

第二，已有研究大量采用元胞自动机（CA）模型模拟城市增长，并结合城市承载力或适宜性评价结果[162,163]，从正向增长和反向约束两方面综合划定增长边界。然而，CA 模型较为依赖先验知识，对邻域转换规则十分敏感[164,165]，考虑距离阈值内的邻域相互作用，适合模拟平原城市周边和道路沿线的城市扩张。CA 模型的特点决定了其较难胜任山地城市的模拟，尤其是难以捕捉大量的“跳跃式”蔓延和自发式增长特征。相比之下，目前流行的深度学习方法（如 U-Net），不依赖事先给定的经验参数，能敏感捕捉到城市发展的空间格局特征，在不同尺度上的模拟结果具有稳健性[166-168]。深度学习方法可针对山地城市的特点，分不同区域提取相应的城市形态演化规则，适合捕捉复杂的山地城市发展格局。因此，本章将引入深度学习方法，通过对城市形态演变的深度挖掘并进行精细化的城市空间模拟，为城镇开发边界有效性的预测和评估提供技术支撑。

本章拟解决的关键问题是：在不同地形和不同城市形态下，如何评估城镇开发边界在缓解城市蔓延方面的有效性？为此，本章将引入 U-Net 深度学习方法，以有/无城镇开发边界设置不同情景，模拟 2035 年的城市扩张情况，并采用多维度的景观格局指标，评估城镇开发边界的蔓延控制绩效。

4.1 数据与方法

4.1.1 数据来源

本研究采用多源空间数据进行分析（表 4.1）。

表 4.1 数据源描述

类型	数据	数据来源
遥感影像	Landsat TM/ETM+/OLI（1992 ~ 2019）、Sentinel-2A	Google Earth Engine（https://code.earthengine.google.com）
社会经济	人口、GDP（1992 ~ 2019 年；2020 ~ 2035 年）	当地统计年鉴、共享社会经济路径数据库（https://springernature.figshare.com/collections/_/4605713）
地理空间	道路、行政区划等	国家基础地理信息中心（http://www.ngcc.cn/ngcc/）
气象	气象数据	国家青藏高原科学数据中心提供的地面观测点气象数据集（http://data.tpdc.ac.cn/）
空间规划	城镇开发边界、生态红线（2020 ~ 2035 年）	当地规划和自然资源局

(1) 遥感数据

基于谷歌地球（Google Earth）提供的高分辨率历史影像，随机选取样本点，进行遥感图像解译。为提取城市建成区，本书采用了遥感多光谱数据、合成指数数据、傅里叶变换图层、地形数据和气象数据。光谱数据涉及 1992 ~ 2019 年的 Landsat、Sentinel-2A 无云图像；合成指数数据包括从 Landsat 数据提取的归一化植被指数（NDVI）和归一化建筑指数（NDBI）；采用离散傅里叶变换方法（DTS），基于长时序的 NDVI 指标提取傅里叶变换图层；地形数据来源自美国国家航空航天局（NASA）的数字高程模型（DEM）和坡度数据；气象数据来自中国气象局提供的气象数据集，包括年气温、风速和降雨量数据。

(2) 社会经济数据

1992 ~ 2019 年的人口和地区生产总值（GDP）等社会经济数据均来自历年的地方统计年鉴。基于联合国政府间气候变化专门委员会（IPCC）提供的共享社会经济路径（SSPs）情景，对未来城市发展规模进行预测。本书采用了相关研究在不同共享社会经济路径下中国人口和 GDP 预测的格网化数据[169,170]。

(3) 空间规划数据

基于当地规划和自然资源部门公布的国土空间规划图，提取城镇开发边界的空间范围，以及生态保护区和城市绿带，具体见图 4. 1。

(4) 地理空间数据

地理空间数据来源于国家基础地理信息中心，涉及高速公路、主干道、铁路、行政边界等地理空间信息。为确保分析的一致性，在 ArcGIS 软件将所有栅格数据重采样为 30m×30m 空间分辨率，并将投影坐标统一为 WGS-1984 坐标系（投影分度带：48N）。

4. 1. 2 研究方法

4. 1. 2. 1 分析框架

本章提出一个方法框架，用于评估城镇开发边界的有效性（图 4. 2）。首先，基于 Google Earth Engine（GEE）平台，采用傅里叶变换和随机森林算法，从长时间序列的遥感图像中提取高精度的城市建成区，采用线性回归方法对 SSPs 情景下未来城市土地需求进行预测。其次，利用 U-Net 深度学习模型，模拟城市建成区的历史演变，并预测未来有/无城镇开发边界两种情景下的城市扩张情景。

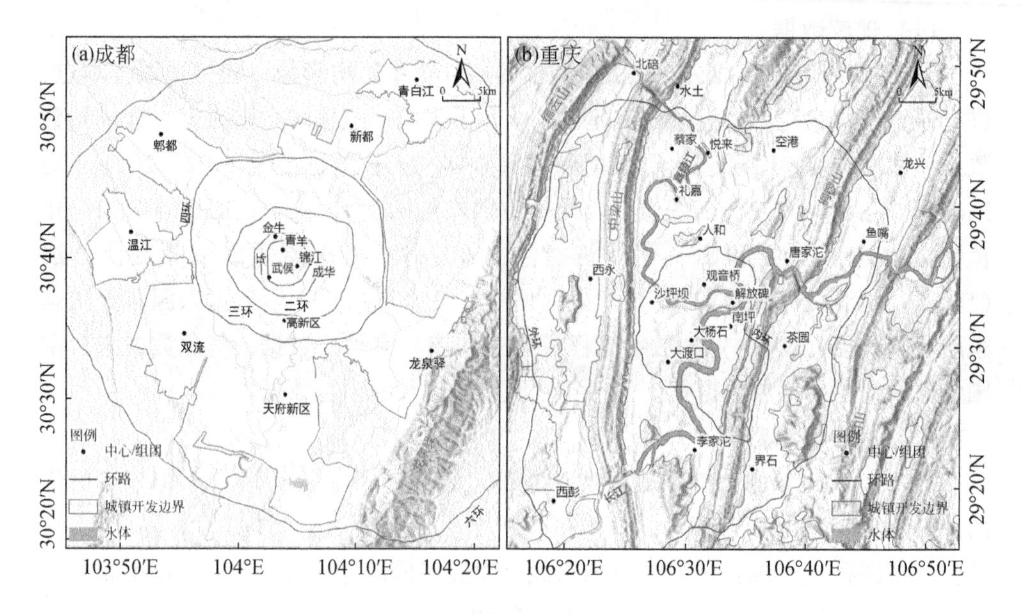

图 4.1　城镇开发边界分布

最后，利用多维景观格局指标，测度并比较城镇开发边界的城市蔓延抑制效果。

4.1.2.2　提取历史城市用地

采用遥感影像、遥感反演数据、傅里叶变换图层、地形数据和气象数据等多源数据，提取 1992～2019 年的历年城市建成用地数据[171]。相关操作主要基于 GEE 云平台进行，技术路线如图 4.2 所示。对多光谱数据进行几何校正和辐射校正，采用离散傅里叶变换方法，对传统的分类方法进行改进，将 NDVI 时间序列分解为周期向量，捕捉分类过程中的时间特征变量，再采用随机森林算法进行城市用地分类。此外，还采用了城市用地扩张的时间逻辑修正规则，纠正遥感影像误分类结果，减少休耕地、荒地与城市土地错分概率。经精度验证，城市用地分类的准确率为 94%～97%，可用于后续的进一步分析[172]。在城市用地分类基础上，进而采用焦点统计和阈值分割方法，提取集中连片的城市建成区范围，以区别于农村建成区范围。参照已有研究[173]，在 $1km^2$ 的圆形邻域内，采用移动窗口法计算城市密度，当城市密度超过一定阈值时，将其划分为集中连片的城市建成区，以去除农村建成区细碎斑块对分析结果的干扰。

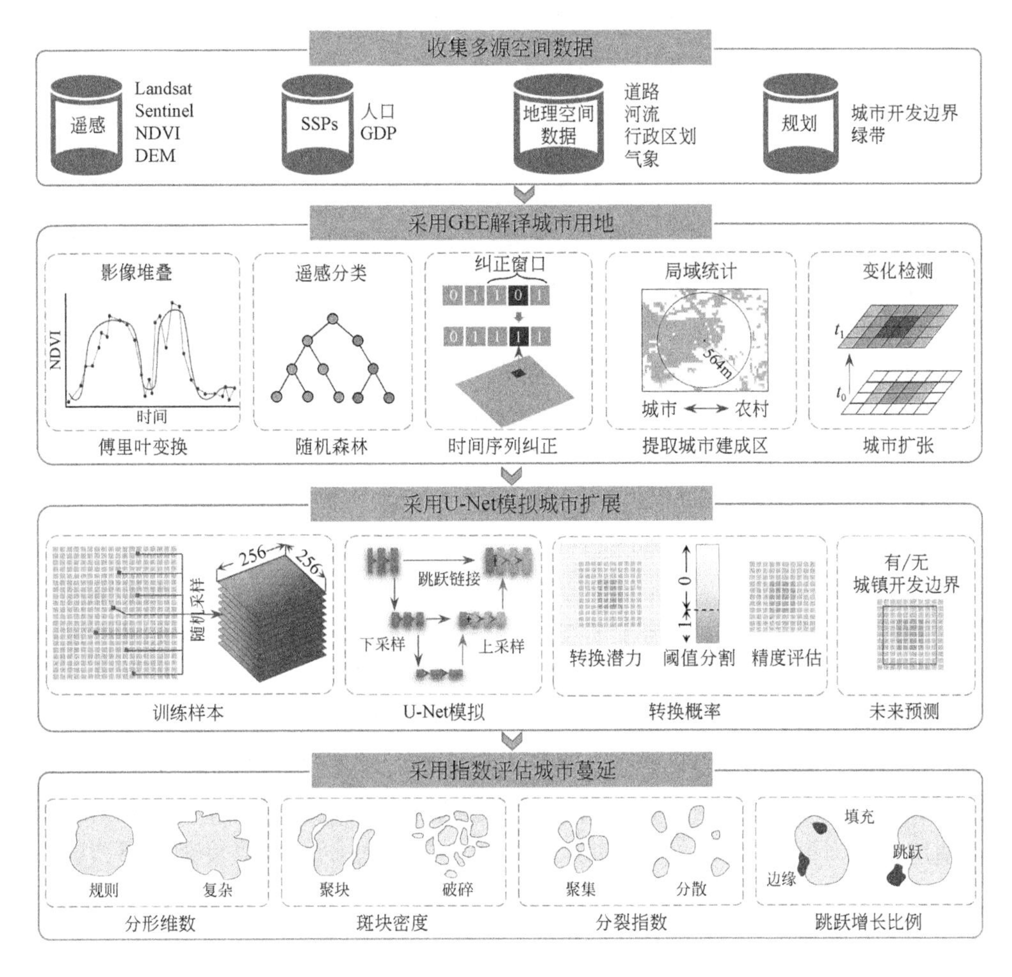

图 4.2　分析框架

4.1.2.3　模拟未来的城市扩张

(1) SSPs 下的城市土地需求预测

IPCC 提供了全球范围内未来社会经济共享路径的五种预测情景[174,175]。部分研究在考虑特定区域背景后，将社会经济共享路径情景细化到我国的网格尺度[169,170]。为简化分析，本研究仅选择其中的可持续发展路径（SSP1）作为预测未来城市化的基线情景，其原因在于 SSP1 情景兼顾了环境保护和社会包容性发展，是相对理性的预测情景。

基于线性回归模型，估算 SSP1 情景下的城市用地需求。采用 1992～2019 年的历史数据，以城市用地面积为因变量，以人口和 GDP 为自变量，进行回归模型分析，计算公式如下：

$$\text{Urban area} = \beta_0 + \beta_1 \times \text{Population} + \beta_2 \times \text{GDP} + \varepsilon \tag{4.1}$$

式中，β_0为截距；β_1和β_2分别为人口和 GDP 的回归系数；ε 为误差项。利用 Stata 软件对回归模型进行估计，预测 2035 年城市用地扩张规模。回归模型的调整 R^2 值较高（成都为 0.948，重庆为 0.992），通过了 1% 显著性水平检验与 F 检验，表明模型预测准确性较高。

（2）基于 U-Net 模型的城市扩张模拟

基于 1990～2019 年的城市用地图、DEM、坡度图（图 4.2），采用最新的 U-Net 方法，预测 2019 年之后的城市发展潜力。将上述数据合并成四波段影像，并裁剪成 256×256 像素大小的子区域。在上述子区域，随机抽取 2000 个训练样本和 1000 验证样本，输入 U-Net 进行训练。具体操作时，进行 5 次下采样，重点识别宏观尺度的城市扩展格局（如扩张方向），再经过 5 次上采样，检测细微尺度上的城市扩展格局（如道路扩张）[167]。采用跳跃连接将下采样和上采样过程进行链接，对不同尺度学习的城市扩展格局进行整合，生成城乡用地转换概率图，其取值范围在 0～1。比较 2019 年模拟影像和真实影像，计算均方误差（MSE），评估 U-Net 模型的性能，利用自动参数调整方法尽可能减小均方误差。基于 2000 个训练样本进行训练，不断更新模型训练参数（即一个 Epoch），进一步使用 1000 个验证样本，计算均方误差（即验证 MSE）。结果发现，模型运行到 125 个 Epoch 时，验证 MSE 最低，即为最优模型。最后，在最优模型的基础上，将 2019 年城市地图、DEM 和坡度图组成三波段图像，模拟 2019～2035 年城市扩张概率的空间分布图。

在 U-Net 模拟结果基础上，本书设定两种情景：一种情景是存在城镇开发边界约束（事实），另一种情景是假设没有该约束（反事实）。在有城镇开发边界的情景下，边界以内的可开发空间将优先转换为城市用地；在无城镇开发边界的情景下，城市扩张不受空间边界的限制。根据 U-Net 模拟城市用地转换潜力图，按照从高到低的转换概率，依次选择满足条件的像元，直至达到预测的 2035 年城市用地需求量为止。在此基础上，比较有/无城镇开发边界的两种情景，评估城镇开发边界控制蔓延的有效性（图 4.5）。

4.1.2.4　评估城市蔓延

已有研究采用了多个指标来测度城市蔓延程度，包括人口用地增长率、景观格局指标、土地利用指数[157,176-178]。在借鉴已有研究和参考地方实践的基础上，本书选择分形维数（FD）、斑块密度（PD）、分裂指数（SPLIT）、跳跃增长比例（LGR）等景观指数，进行城市蔓延测度。采用 FRAGSTATS 软件，计算分形维数、斑块密度、分裂指数[179]，利用 ArcGIS 提供的 Toolbox 工具，计算跳跃增长比例[180]，并在 ArcGIS 中，将上述指标统一到 1km 的格网单元进行分析。

（1）分形维数（FD）

通过计算城市斑块的周长与面积之比，来反映城市形态的不规则程度和复杂程度，考察城市形状是否复杂、边缘是否规则。分形维数（FD）计算公式如下：

$$FD=2\ln(0.25\,p_i)/\ln a_i \tag{4.2}$$

式中，p_i和a_i分别为第 i 个城市斑块的周长和面积。FD 取值范围为 1～2，FD 数值越低表示城市形态越简单，越高表示城市形状越复杂、城市蔓延程度越高。

（2）斑块密度（PD）

通过衡量城市斑块的聚集或破碎程度，来表征景观的细碎化水平。斑块密度（PD）计算公式如下：

$$PD=N/A \tag{4.3}$$

式中，N 为城市斑块总数，A 为城市总面积。PD 值越高，城市景观碎片化程度越高，PD 值越低，城市景观的聚集化程度越高。

（3）分裂指数（SPLIT）

测度城市建成区的空间离散程度，计算公式如下：

$$SPLIT=A^2/\sum_{i=1}^{n}a_i^2 \tag{4.4}$$

式中，A 为城市总面积，a_i 为第 i 个城市斑块面积，n 为斑块数量。SPLIT 最小值为 1，数值越大，则城市形态愈加分散。

（4）跳跃增长比例（LGR）

在研究期内，将新增城市用地划分为三种类型：填充式增长、边缘式增长和跳跃式增长，其中跳跃式增长是指远离原有城市建成区的新增城市斑块。在分析单元内，统计跳跃式增长占所有新增用地的比率，计算公式如下：

$$LGR=A_L/A \tag{4.5}$$

式中，A_L为跳跃式增长的面积，A 为可开发面积。

4.2 结果分析

4.2.1 城市扩张的历史演变与未来预测

4.2.1.1 历史城市扩张

图4.3为1992~2019年成都和重庆的城市扩张图。在此期间，成都的城市用地面积从163km²增加到1356km²，重庆的城市用地面积则从116km²增加到902km²。成都受到地形条件限制较小，城市扩张规模较大且集中连片。相比之下，重庆受地形起伏和山水隔离的影响，其城市开发规模相对较小。1997年以后，重庆升级为直辖市，城市发展趋势明显加快，体现在2004~2019年城市年增长率显著提高。

近年来，成都城市形态开始从单中心向心聚集向多中心向外扩散转型。1992年以前，成都的城市用地主要集中在三环以内的区域，形成传统意义上紧凑发展的城市核心区。1992~2004年，成都的城市用地增长迅速，主要分布在四环以内的区域，尤其是沿中心—外围的放射状连接走廊，向外呈边缘扩散和条带状延伸。2004~2019年，成都的城市用地不断蚕食四环与六环之间的农村区域，继

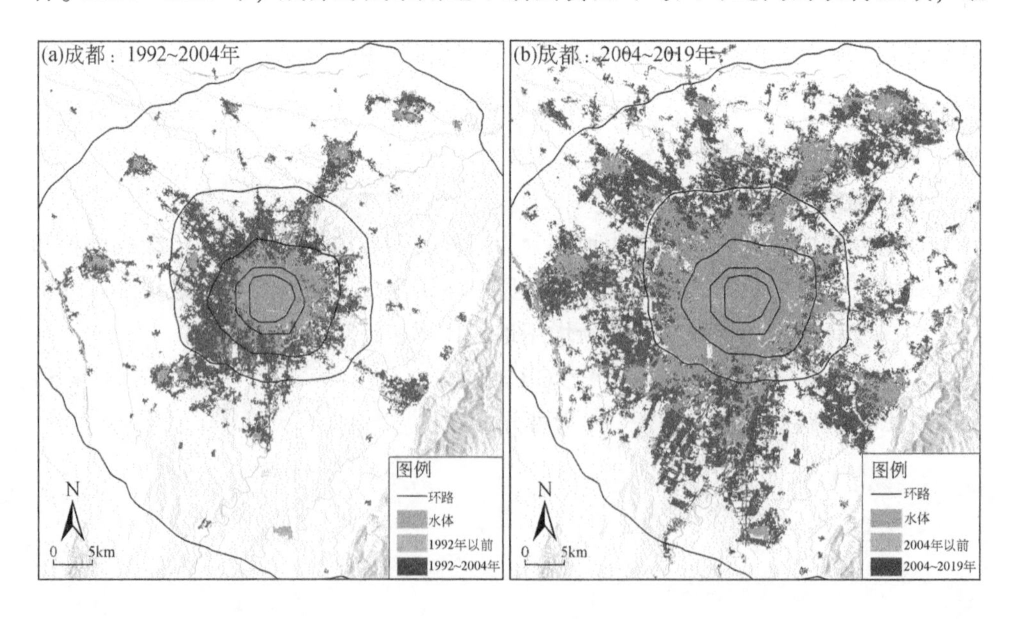

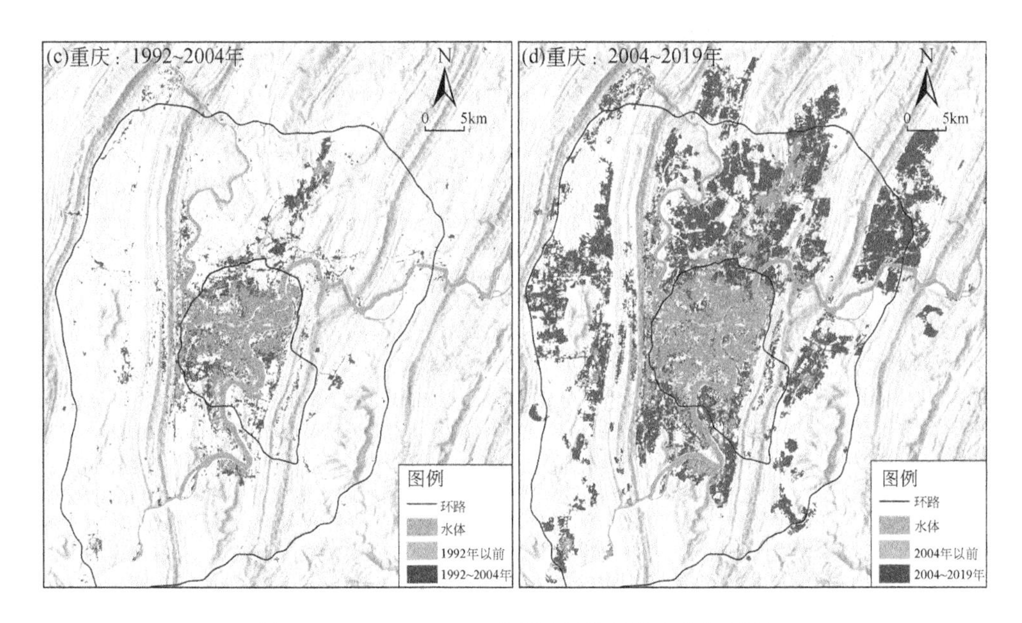

图 4.3　1992 ~ 2019 年成都和重庆的城市扩张情况

续沿中心—外围的连接地带向外延伸。

受复杂地形的影响，重庆的城市扩张呈现“多中心、组团式”的空间形态特征。1992 年以前，重庆的城市用地集中在内环以内，主要分布在河流沿岸、河谷和缓坡地带，受山水切割的影响较大。1992 ~ 2004 年，新增城市用地沿城市发展主轴往南北方向外扩，尤其是沿着江北机场与主城之间的连接地带，呈现出“跳跃式”扩张。2004 ~ 2019 年，重庆的城市用地继续往北扩散，集中分布在两江新区的礼嘉、悦来、蔡家、空港、水土等新兴组团。这一时期，城市用地不再囿于南北轴向的狭长地带，开始跳出中梁山和铜锣山的限制，沿西永和茶园等新兴副中心、鱼嘴和龙兴等新兴外围组团不断扩散，“跳跃式”扩张特征更加明显。

4.2.1.2　有/无城镇开发边界的城市扩张预测

根据 SSP1 情景预测结果，2019 ~ 2035 年成都和重庆的城市用地将继续增加，但与过去相比，增长速度有所放缓。2035 年成都的城市用地面积将达到 $1795km^2$，年增长率约为 2%；2035 年重庆的城市面积预计达到 $1333km^2$，年增长率约为 3%。根据上述预测的城市用地规模，利用 U-Net 模型，进一步模拟城市用地空间扩张趋势。假设有/无城镇开发边界约束两种情况，根据 U-Net 模拟的城市用地转换概率，依据概率从高到低的原则，筛选 2035 年的城市用地区域（图 4.4）。在此基础上，对 2019 ~ 2035 年边界内外的城市用地数量进行统计分析（表 4.2）。模拟结果表明，在有/无城镇开发边界两种情况下，成都和重庆的城市扩张格局存在显著差异。

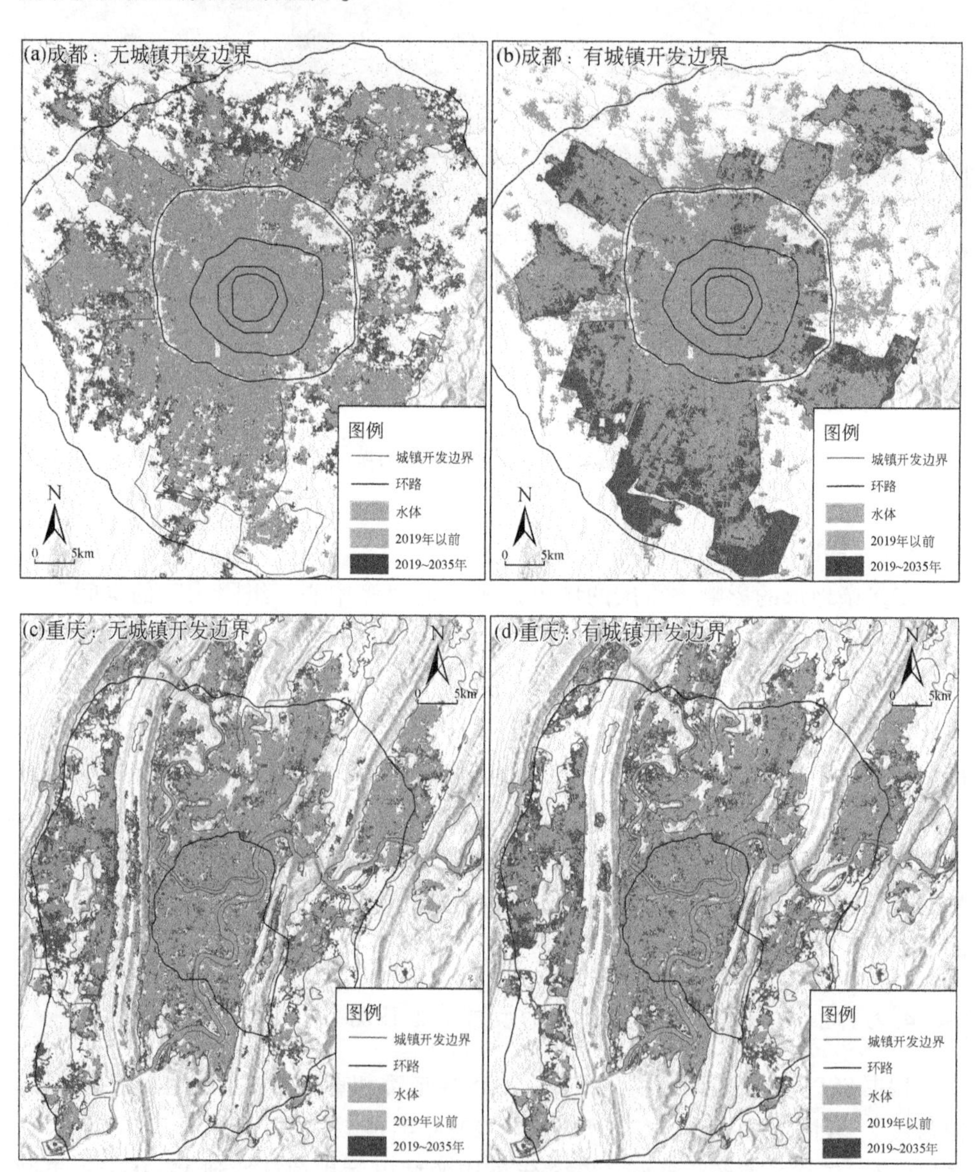

图 4.4　2019 ~ 2035 年有/无城镇开发边界的城市扩张模拟

表 4.2　2019～2035 年城镇开发边界内外城市用地面积统计　（单位：km^2）

情景	成都		重庆	
	边界内	边界外	边界内	边界外
2019 年现状	1038	318	815	87
2035 年无城镇开发边界	1172	623	1137	196
2035 年有城镇开发边界	1434	361	1246	87

在缺乏城镇开发边界约束时，成都的“外溢式”增长十分明显，尤其分布在城市北部和东部地区。相比之下，城镇开发边界的有效实施，将减少上述区域的城市扩张，并将城市发展重心转移到南部的天府新区，尤其是集中在双流、高新区、龙泉驿等城市副中心/外围组团，相应地，导致城市边缘增长和填充增长显著增多。这说明，成都城镇开发边界可以限制城市无序蔓延和引导城市开发向规划区域集中，从而优化其城市形态。此外，将城镇开发边界与生态红线相结合，也可以保护城市周边的绿带和绿楔，有效防止“外溢式”蔓延。然而，成都严格的建设用地规划指标约束，制约了城镇开发边界划定的规模和范围，尤其是国土空间规划中城镇开发边界之外还存在尚未划入的现状城市用地。据统计，2019 年，成都有 318km^2的城市区域未划入城镇开发边界，约占现状城市用地面积的 23%。模拟结果表明，如果缺乏城镇开发边界的限制，预计 2035 年边界以外的城市用地比例将增加到 34%；相反，在有城镇开发边界约束时，这一比例将下降到 20%。

在缺乏城镇开发边界约束时，重庆城市用地主要在原有“多中心、组团式”格局的基础上不断强化，并且跳跃增长和边缘增长较为明显。尤其是，北部的两江新区受可供开发用地的空间限制，城市扩展速度有所放缓，而西部的科学城等则成为城市开发的新兴热点区域。研究发现，城镇开发边界可显著减少山脉顶部和外围组团的“跳跃式”和“碎片式”增长，表明城镇开发边界将限制中心/组团以外的零星开发。然而，重庆城镇开发边界的约束和引导作用不如成都明显，这可能与山水格局本身对城市开发具有较强限制作用有关。2035 年，重庆城市开发大量发生在边界以内，与规划预期相对匹配。统计结果显示，2019 年，重庆城镇开发边界以外的城市用地为 87km^2，约占总面积的 9%。在缺乏城镇开发边界约束时，2035 年，重庆城镇开发边界以外的城市用地占比为 14%；但在有城镇开发边界约束时，这一比例将下降到 6%。

4.2.2 城市蔓延的测度

采用四个景观指标，对成都和重庆城市蔓延的历史演变与未来趋势进行评估(图 4.5)。结果发现，2004 ~ 2019 年两个城市的四项指标均有所增加，这表明城市蔓延趋势较为明显。其中，分形维数和斑块密度较高的区域逐渐扩大，反映城市形态的不规则性和城市景观的破碎化程度增加。重庆呈现出较大规模的“跳跃式”扩张，其跳跃增长比例比成都高；尽管成都的城市核心区更加紧凑，但分裂指数在两个城市的近郊地区分布是相似的，这一指数持续降低。

2035 年，缺乏城镇开发边界约束时，分形维数、斑块密度、跳跃增长比例趋于下降，这表明由于可供开发空间的减少，城市蔓延可能会在一定程度上得到缓解。值得注意的是，虽然分形维数和斑块密度的绝对值可能会降低，但其空间格局仍相对分散。此外，原有城市用地的分裂指数将有所减少，反映填充式增长会相应增加。

从四个指标的变化可以看出，到 2035 年，城镇开发边界的实施将在很大程度上缓解城市蔓延。具体来说，在城镇开发边界内部，尤其是在成都，分形维数减少，城市形态变得更加有序；在成都南部的天府新区，斑块密度会明显减少，这表明城市开发更加连续，在新兴的城市核心聚集。分裂指数较低的区域集中在城镇开发边界以内，尤其是成都更为突出，这说明填充式增长未来将成为主要增长类型。值得注意的是，成都边界以外区域具有较高的分裂指数值，这主要是受边缘增长和半城市化开发的影响。重庆的跳跃增长比例高值区域将逐步减少，这表明城镇开发边界能有效限制其“跳跃式”增长。

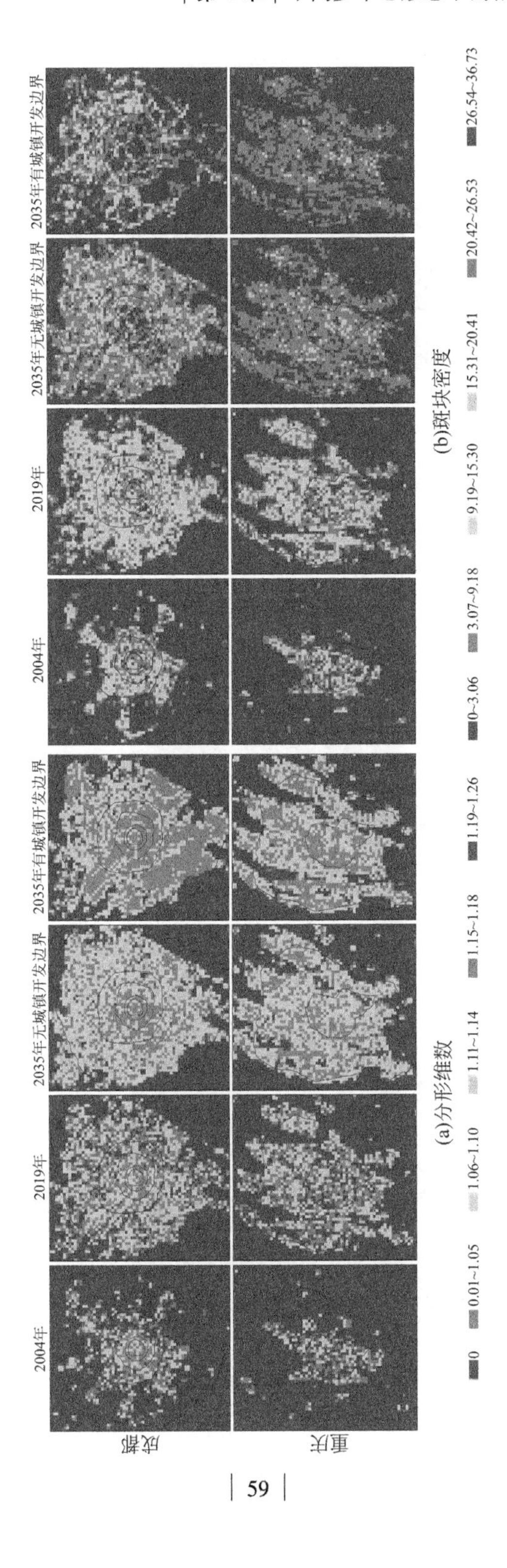
2004年
2019年
2035年无城镇开发边界
2035年有城镇开发边界
成都
重庆
0
0.01~1.05
1.06~1.10
1.11~1.14
1.15~1.18
1.19~1.26
0~3.06
3.07~9.18
9.19~15.30
15.31~20.41
20.42~26.53
26.54~36.73

(a)分形维数

(b)斑块密度

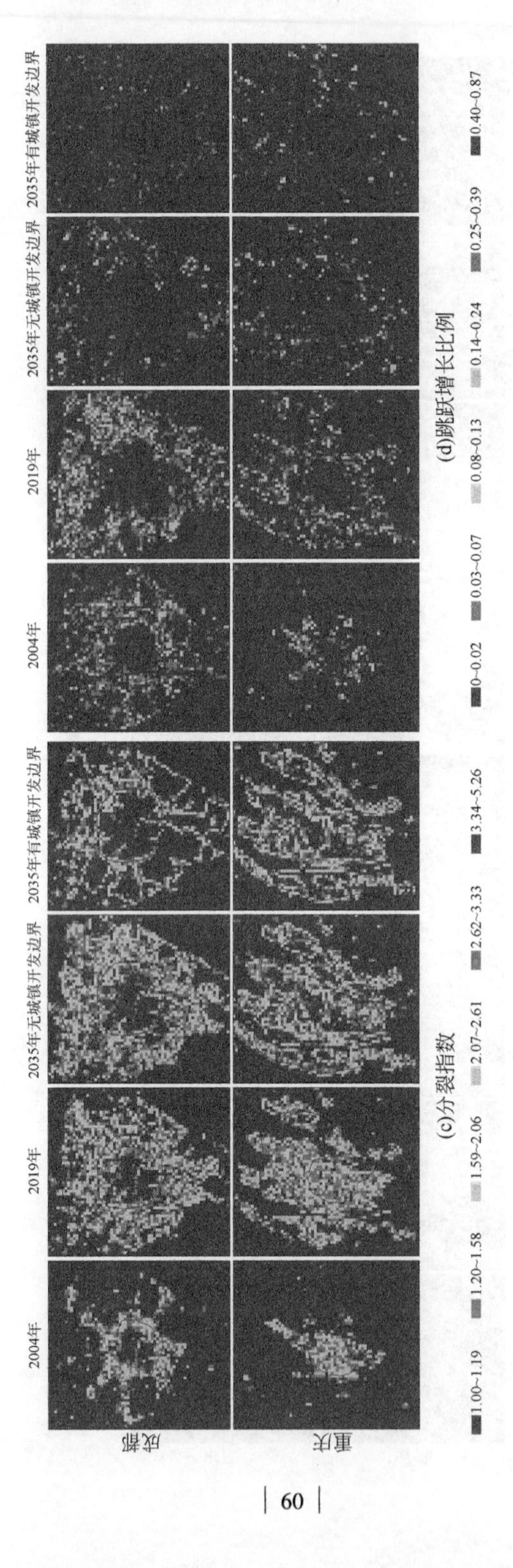

图4.5　有/无城镇开发边界情景下的城市蔓延测度

4.3 讨　论

4.3.1 城镇开发边界的差异

本章以成都和重庆为例，分析了平原城市和山地城市的城镇开发边界特征，其特征差异如图 4.6 所示。由此可知，成都的城镇开发边界主要围绕城市双核布局，在形态上相对紧凑和集中连片，而重庆的城镇开发边界则相对分散，以容纳不同的城市中心和组团。上述特征差异主要源于两类城市的地形差异、城市形态差异和空间规划理念差异[181]。

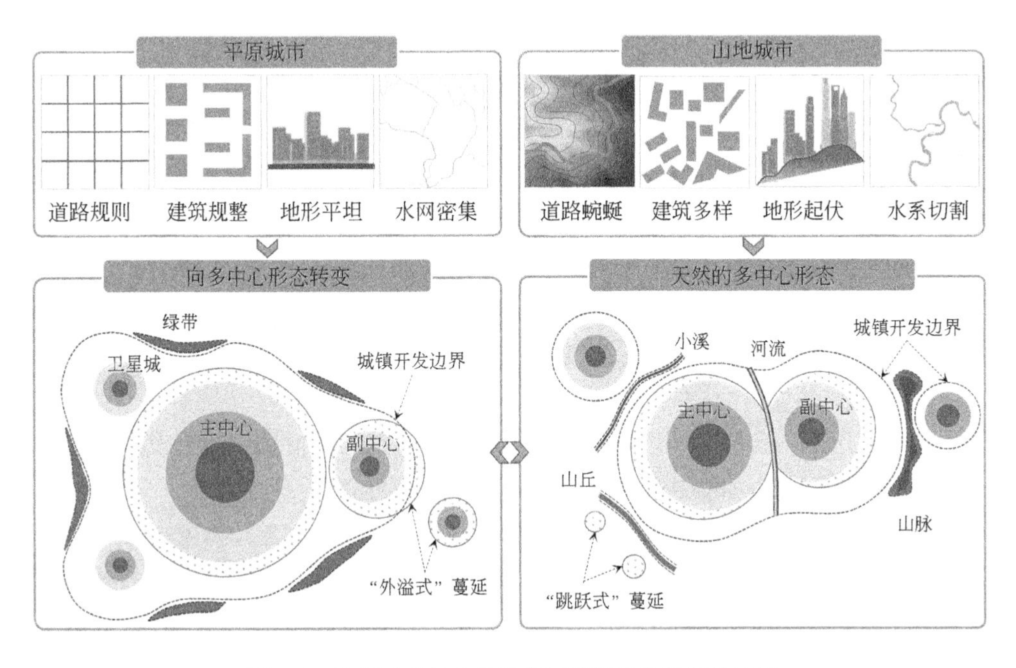

图 4.6　平原城市与山地城市城镇开发边界差异比较

作为典型的平原城市，成都位于肥沃的冲积平原上，这奠定了其城市形态的基础。1992～2019 年，成都在“中心—外围”的城市总体格局下，“外溢式”蔓延特征较为明显。一方面，成都长期以来以单中心开发为主，这导致其中心城区开发过于密集，并使其单中心格局不断强化，加剧了城市生态环境问题[182]。另一方面，受溢出效应的影响，成都“中心—外围”的连续地带出现了大量的新增城市用地，不断入侵郊区的优质耕地[183]。为此，成都的城市总体规划提出，要从“单中心开发”向“双核联动、多中心支撑”的城市空间结构转变[181]。在此情况下，成都的城镇开发边界划定目的主要是为了控制中心城区的过度集中，有意识引导城市开发向外围的天府新区、双流和郫都等副中心迁移，从而缓解城市蔓延的负面影响。相应地，成都的城镇开发边界比较集中连片，以便城市发展中能够容纳“双核联动”的开发格局[184]。

作为典型的山地城市，重庆具有山水切割、地形起伏、生态脆弱的特征，这奠定了其“多中心、组团式”空间形态的自然本底[126]。重庆早期的城市开发较多受到山地地形的严格约束，主要沿中梁山和铜锣山之间、长江和嘉陵江交汇处的狭长平坝谷地不断向外扩散。近年来，重庆的城市发展开始突破山水自然屏障，通过大规模的桥梁和隧道建设不断向外延伸，致使城市开发在空间上更加碎片化、跳跃式发展[185]。而且，大规模的城市开发，不断夷平山丘、切割水系、侵蚀绿地，偏离传统“顺应自然、尊重自然”的理念，加剧了自然灾害和“城市病”的发生概率[159]。考虑到山地生态系统的复杂性、敏感性和脆弱性，重庆的城镇开发边界划定需要解决跳跃式和碎片化城市蔓延造成的生态环境退化问题[162]。不同于成都的紧凑模式，重庆的城镇开发边界需适应自然山水格局和多中心城市形态，围绕各个城市中心和组团呈分散式布局。

4.3.2 城镇开发边界绩效的差异

本章采用 U-Net 深度学习方法，模拟了未来城市扩张情景，结果发现，成都和重庆的城镇开发边界绩效存在显著差异，具体分析如下：

根据预测，成都的城镇开发边界可能会有效抑制城市蔓延，与预期效果较为符合：①预期在城镇开发边界的引导下，城市开发将从北部和东部区域的外溢式开发，转为南部天府新区的集中连片开发，从而与规划预期相一致。②在城镇开发边界的控制下，成都城市用地的分形维度、斑块密度、分裂指数和跳跃增长比例都会不断减小，这说明在很大程度上能缓解城市蔓延的发展态势。但是，本研究也发现一些值得注意的问题：①部分城市用地被排除在成都的城镇开发边界以外，上述区域可能成为今后城市蔓延的热点区域。其可能原因是，城镇开发边界在划定时受到严格的用地规模约束，原则上不能超过原有城市用地规模的 1.25 倍。严格的规模限制导致城镇开发边界只能优先考虑近期发展的重点区域。②城镇开发边界严格限定了城市开发的规模和范围，在面对未来不确定性时可能缺乏弹性调整空间，尤其是如何协调城镇空间、农业空间和绿色空间的冲突，可能还需要相应的配套政策和措施。

根据预测，重庆的城镇开发边界能抑制城市的无序蔓延，但其空间绩效不如成都显著：①在城镇开发边界的引导下，重庆的“跳跃式”增长和“破碎化”开发会逐步减少，尤其是山脉顶部、山体边缘、组团隔离带等区域，城市无序蔓延将明显减少。②在城镇开发边界的约束下，重庆的分形维度、斑块密度、分裂指数和跳跃增长比例将会有所减少。但是，与无城镇开发边界的情景相比，上述指数的变化幅度相对较小。这说明，重庆的城镇开发边界能适度缓解城市蔓延对生态敏感区和组团隔离带的侵蚀，但重庆的山水格局本身对城市蔓延的抑制作用更为突出。然而，重庆的城镇开发边界也有其局限性：①受自然条件的限制，重庆的城镇开发边界相对分散、形态不规则，可能会增加边界管控的难度，从而降低其管控绩效。②重庆在龙兴、西彭等外围组团，通过划定城镇开发边界，预留了大量的未来城市开发空间，但本章的模拟结果发现，上述组团在近期的城市开发潜力相对较小，这反映政府引导下的产业聚集和城市开发不一定符合市场力量导向的未来发展预期。

4.3.3 与相关研究对比

本章通过深度学习模拟，对城镇开发边界绩效进行了预先评估，是这一研究领域的初步尝试。相比于世界上其他国家，如长期实施城市增长边界的美国[148]、澳大利亚[186]、瑞士[141]、沙特阿拉伯[187]，我国仍处于快速城市化阶段，首次将城镇开发边界引入国土空间规划，进行政策试点和不断调整优化[153]。尽管相关研究集中探讨了城镇开发边界的划定方法和技术[188]，包括增长驱动方法、生态约束方法、综合划定方法[160]，但仅有少数经验研究评估我国城市建设边界（UCBs）在引导和控制城市开发方面的绩效[144]。

本章研究结果表明，城镇开发边界将在一定程度上缓解城市蔓延，而非引发或加剧城市蔓延，这不同于在城市建设边界方面的相关研究结论[137,152,189]。其主要原因在于，我国新兴的城镇开发边界与长期实施的城市建设边界有着本质差别。因此，城市建设边界有关的研究结论不能直接套用到城镇开发边界的绩效评估上。城市建设边界是以往的土地利用总体规划或城市总体规划中划定的特定建设用地区域[152]。一些经验分析将城市建设边界等同于城镇开发边界，并通过评估发现城市建设边界未能有效抑制蔓延[152,189]。例如，Han 等[152]和 Wang 等[137]

对北京的研究结果表明，城市建设边界以外的城市开发项目数量较多，这反映城市建设边界未能有效控制城市空间开发。Long 等[158]的分析表明，城市总体规划、建设许可、实际城市开发在空间上并不一致，这表明规划预期与实际情况存在出入。然而，传统的城市建设边界更多是考虑用地总量的严格限制，在划定时往往对边界本身的形态和范围关注不足[189]。有学者指出，城市建设边界的物质形态通常取决于规划者的审美偏好，而非严格建立在对未来发展趋势的科学预测上[189]。在此情况下，不难理解城市建设边界在应对城市蔓延问题上力有不逮。而且，城市建设边界更多关心规模约束，在实践中频繁的规划调整使其空间管控绩效大打折扣[190]。相比之下，城镇开发边界划定建立在严格的规划评估和模拟仿真基础之上，在后期政策执行过程中灵活弹性调整的空间相对有限[191]。

本章研究结果表明，在可预见的将来，城镇开发边界能有效缓解城市蔓延，这与部分国际研究相一致[141,148]。例如，Wassmer[148]揭示了美国由地方政府实施的城市增长边界能有效减少城市化地区的规模。同样，Gennaio 等[141]比较了瑞士四个城市的城市增长边界内外的建设用地，发现城市增长边界可以将大部分开发控制在划定边界区域以内。但是，本章研究结果也与另外一些国际研究不同[149,150]。例如，Jun[150]指出城市增长边界对边界内的住房开发密度无显著影响，反而导致开发外溢到波特兰的周边地区。Hepinstall- Cymerman 等[149]发现，城市增长边界以外的城市用地扩张速度明显快于边界以内的区域，这偏离了政策的初衷。研究结果不一致的原因可能是，在 SSP1 情景下预测的城市用地需求规模，与城镇开发边界以内可供开发区域的范围相当[192]，从而导致“外溢式”城市增长并不显著。如果是在其他 SSPs 情景下，城市开发的用地转换需求更高，可能会导致结果出现显著差异。另外，本章研究是基于模拟方法，对城镇开发边界内外的城市扩张情景进行了空间模拟和预先评估。考虑到城镇开发边界的实际效果还需要在执行过程中加以检验，因此并未像传统的研究一样，对实际城市发展和规划方案的一致性进行比较[160]。

4.3.4 研究贡献和局限性

(1) 主要贡献

1）结合 U-Net 深度学习方法与 SSPs 情景预测，模拟了平原城市和山地城市的未来城市扩展，并区别于传统的 CA 模型模拟。已有研究大多基于 CA 模型，模拟相对均质的平原城市周边和交通道路沿线的城市开发[165]。山地城市开发的驱动因素具有显著的空间异质性，导致 CA 模拟精度降低。有研究提出分区模拟方法，将研究区域细分为相互独立的子区域，允许各个子区域采用不同的用地转换规则进行模拟，增强模型的稳健性[193,194]。尽管如此，当不同子区域采用不同的参数模拟城市开发，可能会产生偏差，难以反映城市内在演化规律。因此，本章研究引入深度学习模型，借助其稳健性的特点，可以较好模拟空间异质性下的城市开发过程。

2）考虑到我国平原少、山地多的地形多样性，以及城镇开发边界“一刀切”的政策刚性，本章研究瞄准平原城市和山地城市的特点，探讨两类城市的城镇开发边界特征差异及绩效差异[159]。尽管以美国波特兰为代表的西方城市很早就开始实施城市增长边界，但我国地形多样、城市形态复杂，城镇开发边界的统一划定和实施面临更大挑战。就平原城市而言，城镇开发边界相对集中成片，主要是为了应对“外溢式”蔓延问题。就山地城市而言，城镇开发边界则相对分散、围绕不同组团布局，主要是为了防止跳跃式和碎片化蔓延入侵敏感的自然山水屏障。

3）本章研究提出了一种规划预评估方法，即通过模拟有/无城镇开发边界下的城市开发，来评估其对城市蔓延的抑制作用。通过设置有城镇开发边界（事实）和无城镇开发边界（反事实）两种情景，探究城镇开发边界内外城市用地开发的紧凑性和聚集性。在实际上，城镇开发边界的绩效评估，需要在规划实施过程进行长期动态监测[144]，因此，研究采用 U-Net 模拟作为替代方法，揭示不同情景下城镇开发边界的潜在影响。模拟结果表明，城镇开发边界可在一定程度上抑制城市蔓延和塑造城市形态，但在不同城市之间的绩效可能存在显著差异。

(2) 局限性

1）研究选择了位置相近、规模相似的两个城市，对城镇开发边界的绩效进行评估和比较，但并未涉及区域差异的比较（如沿海城市和内陆城市）和规模差异的比较（如大、中、小型城市）。未来研究还可以进一步拓展到更多的山地城市和平原城市，进行大尺度、跨区域的比较。

2）研究采用了 U-Net 模型，对有/无城镇开发边界情况下的城市扩展进行了模拟和评估，但 U-Net 模型是一种不依赖参数设置的深度学习方法，较难将空间政策和空间规划理念整合到模拟中去。因此，在 U-Net 模拟的基础上，如何结合 CA 转换规则、约束条件、规划引导等情景参数，还值得深入探讨。

3）研究是基于模拟的结果，对城镇开发边界的蔓延抑制作用进行了评估和比较，但除边界本身以外，配套的规划管控政策和市场激励措施也会影响城镇开发边界的有效性。影响城市开发的其他规划边界，如生态保护红线和城市周边永久基本农田的实施，也可能对抑制城市蔓延有一定的影响。因此，研究的结果仅是在理想情况下的模拟结果，还需要在城镇开发边界实施过程中不断进行调整和反馈。

4.4 本章结论

本章以成都和重庆为例，基于 U-Net 深度学习模型，定量模拟、评估和对比了平原城市和山地城市的城镇开发边界在抑制城市蔓延方面的绩效。研究结果发现，1992~2019 年，成都和重庆城市蔓延特征不尽相同，成都表现为“中心—外围”格局下的外溢式蔓延特征，而重庆表现出“多中心、组团式”格局下的跳跃式蔓延特征。U-Net 模拟结果表明，2019~2035 年，成都的城镇开发边界可引导城市开发向南部的天府新区聚集，缓解北部和东部地区的“溢出式”蔓延；重庆的城镇开发边界可抑制生态敏感区和组团隔离带的“跳跃式”蔓延，尽管其效果不如自然山水屏障的约束有效。本章研究证实，U-Net 深度学习模型，能有效刻画城市蔓延的特征和模拟城镇开发边界的绩效，具有一定的创新性。

本章的分析框架和研究结果有助于理解不同地形、不同城市形态下的城市蔓延特征及相应的治理策略，为我国即将实施的城市增长管理提供决策参考。因此，建议不同城市的地方政府根据其城市特点，采取差异化的城镇开发边界管控目标。就成都而言，建议通过城镇开发边界的实施，减少核心城区的“外溢式”蔓延和“中心—外围”连接走廊的线性扩张，将城市人口和产业有机疏散到外围郊区，防止核心城区的过度开发和聚集。此外，需要强化城镇开发边界的引导作用，将开发重点转移到南部的天府新区，形成核心城区与天府新区双核联动发展趋势，从而起到优化城市形态的目的。对于重庆来说，城镇开发边界需要适应山水格局的特点，强化“多中心、组团式”的城市形态，减少“跳跃式”蔓延的发生。通过城镇开发边界对重点区域进行管控，可避免城市开发对生态敏感区和组团隔离带的入侵和破坏，同时减少外围新兴组团的“跳跃式”蔓延和“碎片化”发展。

合作作者：重庆大学何璐璐硕士研究生、澳大利亚迪肯大学王金柱博士、重庆大学张倚浩博士研究生、重庆大学杨乔然博士研究生

第5章 不同多中心形态下的生态系统服务差异

城市化等剧烈的人类活动，改变了陆地生态系统功能和结构[195]，进而影响了全球碳循环[196,197]。城市蔓延现象在全球范围日益突出，消耗大量土地资源，导致碳排放增加和碳储量减少[198-200]。我国作为世界上最大的碳排放国家，正在经历快速的城市化阶段，在碳排放上面临着巨大的压力和挑战[201]。城市是碳排放的集中地，其碳排放量约占全国碳排放总量的85%[202]，建设低碳城市有利于实现“双碳”目标[203]。因此，本章将侧重关注生态系统服务功能中的碳储量研究。

已有研究提出了各种模型来模拟未来的土地利用变化并评估相关碳储量。目前，土地利用模拟的方法包括马尔科夫链[204]、系统动力学模型（SD）[205]、元胞自动机（CA）[206]、智能体模型（ABM）[207]等不同模型，在相关研究中有着广泛的应用。随着信息技术发展，碳储量的模型估算方法应运而生。一部分研究采用了碳密度估算和生物地球化学模拟方法，如温室气体清单法、生物量转扩因子法（BCEF）。这些方法相对容易操作，但可能忽略区域特征，影响模拟结果精度[208]。另一部分研究采用了Century模型、Biome BGC模型等基于过程的生态模型，这些模型可以提高模拟和评估的准确性，但是复杂的参数设置限制了其广泛应用。基于模拟模型和已有研究发现，城市扩张显著地减少了地表碳储量，并给当地生态系统带来压力[209]。因此，模拟评估未来碳储量变化，可为决策提供及时反馈[210]。然而，过去的研究很少关注国土空间规划在情景分析中的重要作用。

目前我国正在开展新一轮国土空间规划编制与实践工作[211]，试图通过一系列空间管制和调控措施来限制城市的无序扩张[190]。这些措施包括在每个城市实施的土地配额和空间管制工具，如生态保护红线、永久基本农田保护红线和城镇开发边界[212,213]。这些调控工具可以通过限制城市对生态区和农业区的侵占，来影响城市人口、土地利用、交通和能源消耗的空间模式[208,214,215]，从而进一步影响当地生态系统中的碳源、碳汇和碳循环[216]。因此，迫切需要在城市化及其碳储量评估中引入国土空间规划思路，通过生态限制、耕地保护等不同情景模拟，寻求碳中和的低碳发展道路。

然而，现有研究较少比较山地城市和平原城市的国土空间规划及其对碳储量变化的影响。我国山地城市约占城市总量的三分之一，分布广泛。近年来，我国城市开发的热点地区不断从沿海地区向内陆区域蔓延[46]。山地城市的自然条件和城市形态明显不同于平原城市，具有高度的空间异质性和复杂多变性。随着城市开发不断入侵敏感脆弱的山地区域，导致生态用地流失和碳储存能力下降，对山地生态系统造成巨大压力[126]。然而，现有的城市理论和规划范式主要是基于平原城市的均质性假设，对高度异质的山地城市研究相对较少。例如，在平原城市，理想的城镇开发边界可能是连续的和有规律的，而在山地城市，这些边界可能是分散的和不规则的。平原城市的优质农田保护区通常位于城市边缘，而在山地城市，这些区域可能分散在山谷和缓坡中。这说明我国平原城市的空间规划理念和城市发展模式并不能完全照搬到山地城市中来[126]。因此，迫切需要根据山地城市和平原城市的特点，对比城市发展和碳储量变化的异同，为空间规划与管控提供针对性和差异化策略。

本章试图探讨在国土空间规划影响下山地城市与平原城市的土地利用及碳储量变化的差异。拟解决的主要问题是：①山地城市与平原城市的土地利用及碳库变化特征有什么显著差异？②如何根据国土空间规划理念和工具，合理设置多情景方案，有针对性地模拟山地城市和平原城市的土地利用与碳库变化？本章研究旨在为优化城市空间格局和减轻碳库损失提供有益的决策参考。

5.1 数据与方法

5.1.1 数据来源

为模拟 2035 年的城市化情景，本章采用了多源数据（表 5.1）：①多期土地利用分类数据，主要包括城市用地、耕地、林地和水体等类型（2005 年、2020 年），来源于中国科学院资源与环境科学数据中心（RESD）。②数字高程模型（DEM），用于提取海拔、坡度和坡向等自然因素，来源于 SRTM 提供的地形数据。③可达性要素，包括道路可达性、铁路可达性、水体可达性、市中心可达性等，其中道路、铁路、水体、市中心等数据来源于百度在线地图。

④社会经济要素，包括人口密度（POP）、兴趣点（POI）密度和地区生产总值（GDP），来源于全球人口数据（WorldPop data）、高德地图（Amap）和 RESD。⑤空间规划数据，包括国土空间规划、生态规划等，由政府相关机构提供。⑥相关的碳密度数据来自于土壤采样调查、植被指数、相关文献和研究报告。由于多源数据具有不同的空间分辨率，将上述空间数据重采样到 100m×100m 网格中，以简化分析。

表 5.1　不同类型的数据及其来源

数据类型	数据内容	数据来源
土地利用	2005 年、2020 年土地利用图	RESD(http://www.resdc.cn/)
地形因子	海拔、坡度、坡向	RESD(http://www.resdc.cn/)
可达性因子	道路、铁路、水体、市中心可达性	百度在线地图(https://map.baidu.com/)
社会经济因子	POP	WorldPop data(https://www.worldpop.org/)
	POI	高德地图(https://www.amap.com/)
	GDP	RSED(https://www.resdc.cn/)
空间规划	国土空间规划	规划与自然资源局
	生态规划	生态环境局

5.1.2　研究方法

本章耦合了 FLUS 模型和 InVEST 模型来模拟未来土地利用和碳储量变化，研究框架图如图 5.1 所示。

5.1.2.1　FLUS 模型

本章采用 FLUS 模型模拟未来土地利用变化情景[217]，该模型是进行地理空间模拟、空间优化、辅助决策制定的有效工具，被广泛应用于土地利用多情景模拟研究。该模型考虑了自然、社会、经济等多种驱动力，可整合生态要素、耕地要素等约束图层构建不同情景，对未来土地利用变化进行表征。因此，本章基于国土空间规划，运用 FLUS 模型整合生态约束、耕地保护理念，设置不同的未来情景。相关研究还将 FLUS 模型与生态系统服务评价相结合，进一步分析土地利用变化对生态系统服务价值的影响[218]。

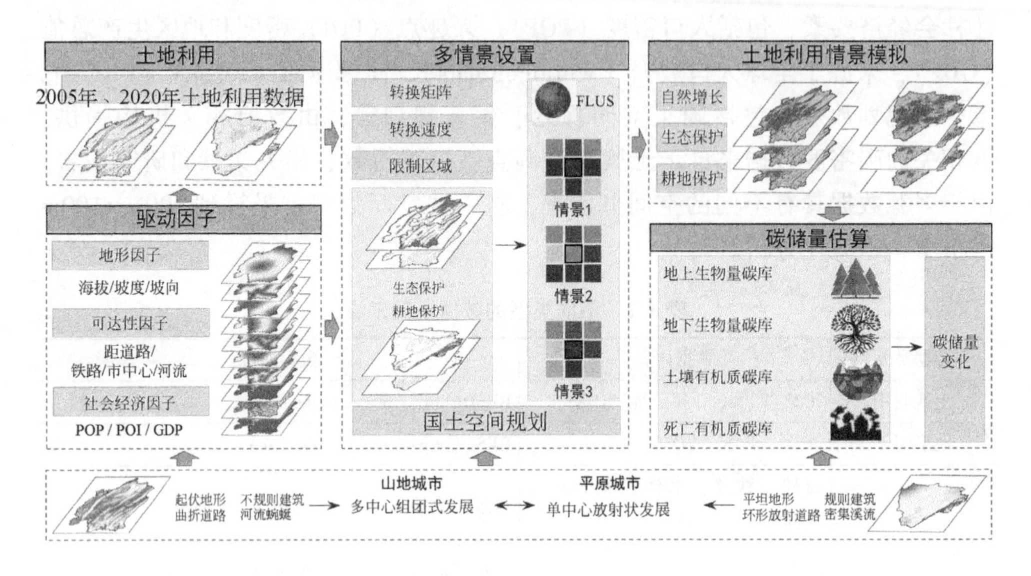

图 5.1　研究框架图

FLUS 模型主体包括基于神经网络的适宜性概率计算和自适应惯性与竞争机制。其中，人工神经网络（ANN）模型采用非线性函数的机器学习模型，具有自学习、自组织、自适应的特点，可实现多变量、复杂信息的并行处理[219]。FLUS 模型的 ANN 模块考虑到多种影响因素及其相互作用，可模拟不同土地类型出现的适宜性分布概率及空间分布。FLUS 模型引入了自适应惯性与竞争机制，可用于处理在自然、社会、经济协同作用下多种用地类型变化的不确定性和复杂性，反映土地类型间的相互作用和竞争关系，能实现较高精度的土地利用变化模拟[217]。FLUS 模型的主要模块计算公式如下：

1）基于神经网络的适宜性概率计算模块

$$sp(p,k,t) = \sum_j \omega_{j,k} \times \text{sigmoid}(\text{net}_j(p,t)) = \sum_j \omega_{j,k} \times \frac{1}{1+e^{-\text{net}_j(p,t)}} \tag{5.1}$$

式中，$sp(p,\ k,\ t)$ 是时间 t、网格 p 上用地类型 k 发生概率；$\omega_{j,k}$ 是隐藏层和输入层之间的自适应权重；sigmoid（·）是隐藏层和输出层之间的激活函数；$\text{net}_j(p,\ t)$ 是隐藏层中神经元 j 收到的信号。

2）基于自适应惯性机制的元胞自动机模块

$$\text{Intertia}_k^t=\begin{cases}\text{Intertia}_k^{t-1}, & \text{if } |D_k^{t-1}|\leqslant|D_k^{t-2}| \\ \text{Intertia}_k^{t-1}\times\dfrac{D_k^{t-2}}{D_k^{t-1}}, & \text{if } D_k^{t-1}<D_k^{t-2}<0 \\ \text{Intertia}_k^{t-1}\times\dfrac{D_k^{t-1}}{D_k^{t-2}}, & \text{if } 0<D_k^{t-2}<D_k^{t-1}\end{cases} \tag{5.2}$$

式中，Intertia_k^t表示土地利用类型 k 在迭代时刻 t 的自适应惯性系数；D_k^{t-1}和D_k^{t-2}分别表示在时间 t–1 和 t–2 土地使用真实需求和其所分配面积之间的差异。

（1）情景设置

本章设置自然增长、生态保护、耕地保护三种典型情景模式（图 5.2）。其中，自然增长情景是基线情景，仅根据历史发展趋势进行线性外推，不考虑其他因素的影响[220]。生态保护和耕地保护情景分别考虑国土空间规划中的生态保护红线约束和永久基本农田保护红线约束，用于分析国土空间规划中的空间管制对城市发展的影响[221]。

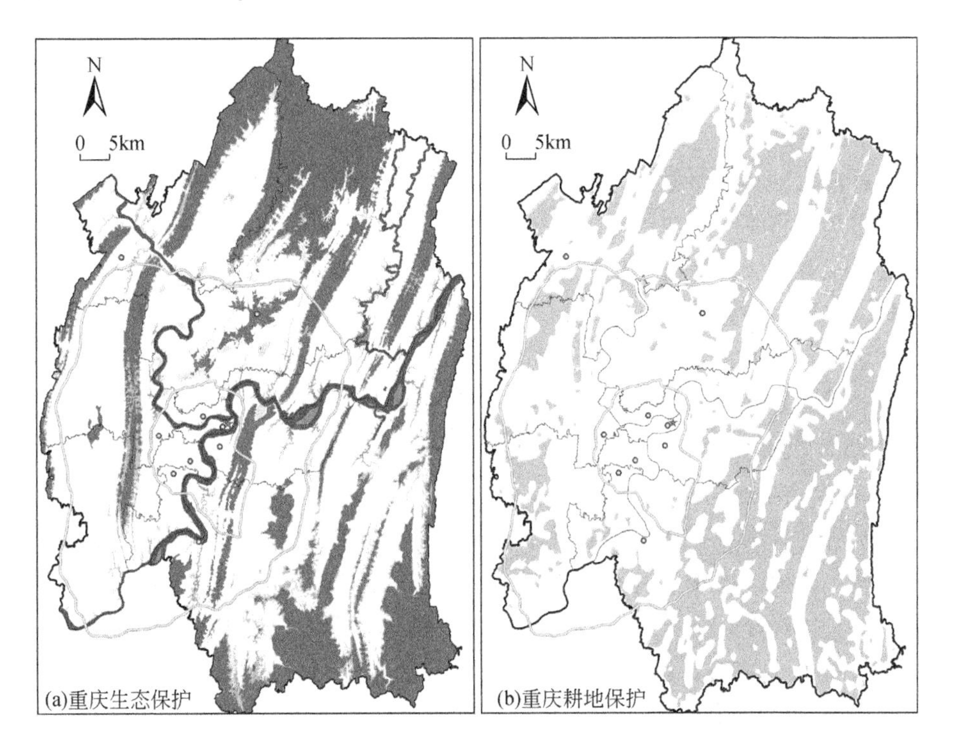

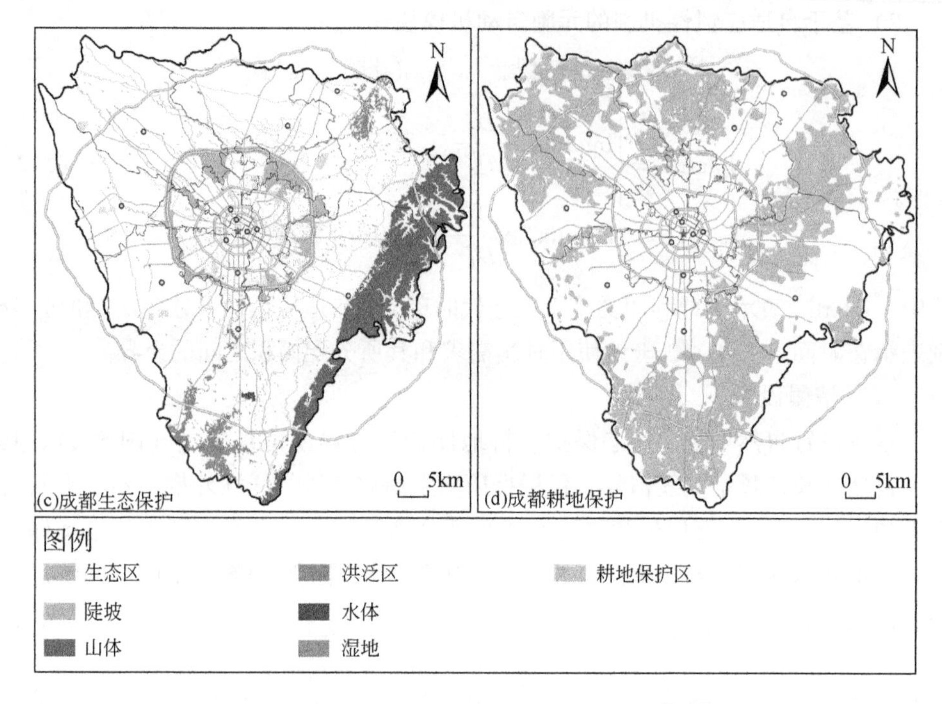

图 5.2　自然保护情景和耕地保护情景的限制区域

三种情景的具体参数设置如下：①自然增长情景。不考虑国土空间规划的约束，城市扩张将延续历史趋势，基于历史土地利用转移矩阵、用地适宜分布概率来设置模拟参数。②生态保护情景。参照国土空间规划、生态规划的思路，考虑对森林、水域、耕地等生态用地的保护，限制上述地类向城市用地转换。主要限制条件包括：重要山体保护区、自然生态保护区、重要水源地、湿地保护区、洪泛区域。考虑重庆和成都的实际差异，对两个城市设定不同的限制区域：重庆坡度超过25%的陡坡区域、成都四环附近的环城生态区。此外，还对生态用地的转换条件和转换速率加以限定。③耕地保护情景。参照国土空间总体规划、基本农田保护规划，尽可能确保优质耕地不被建设用地侵占。优质耕地的评估依据是耕地质量、规模、集中连片程度，通过 ArcGIS 提取连片的优质耕地，设为限制性图层。具体操作是基于基本农田集中区范围，筛选 $1km^2$ 的圆形邻域内、耕地像元大于60%的区域，以此减少破碎耕地斑块的影响。此外，还对耕地向城市用地的转换速率进行了限制。

（2）参数设置

FLUS 模型需要设置转换成本矩阵和邻域参数：①转换成本矩阵表示各土地利用类型之间是否能够相互转化（表 5.2、表 5.3）。若矩阵值设置为 1，代表一种地类可转化成另一种地类，0 则代表禁止用地类型转化。根据研究区实际情况和参考相关文献，设置在不同情景下土地利用类型转移的成本矩阵[222]。②邻域因子表示土地利用类型的扩张难易程度。邻域因子取值范围在 0 ~ 1，其值越接近 1，表示该用地类型越容易转化为其他类型土地。本研究根据历史演化趋势，针对不同情景下的用地保护偏好进行调整[209,223]，经过多次实验调试后获取精度较高的邻域因子参数。

表 5.2　转换成本矩阵

土地利用类型	自然增长情景				生态保护情景				耕地保护情景			
	城市用地	林地	耕地	水体	城市用地	林地	耕地	水体	城市用地	林地	耕地	水体
城市用地	1	0	0	0	1	0	0	0	1	0	0	0
林地	1	1	1	1	1	1	1	1	1	1	1	1
耕地	1	1	1	1	1	1	1	1	1	1	1	0
水体	1	1	1	1	0	0	0	1	1	1	1	1

表 5.3　邻域参数设置

土地利用类型	重庆			成都		
	自然增长	生态保护	耕地保护	自然增长	生态保护	耕地保护
城市用地	0.9	0.8	0.7	0.9	0.8	0.6
林地	0.3	0.4	0.3	0.4	0.5	0.4
耕地	0.3	0.3	0.4	0.3	0.3	0.5
水体	0.2	0.3	0.2	0.3	0.4	0.3

（3）模型精度

为保证模拟结果的可靠性，基于实际土地利用格局和模拟土地利用格局的对比，采用总体精度（OA）和 Kappa 系数进行精度检验。OA 和 Kappa 取值范围为 0 ~ 1，其值越接近 1，则模拟精度越高。若 Kappa ≥ 0.75，则模拟精度较高[224]。Kappa 系数计算公式如下：

$$\text{Kappa}=(P_O-P_C)/(P_P-P_C) \quad (5.3)$$

式中，Kappa 是模拟精度值；P_C是随机状态下预期模拟精度；P_O是实际模拟精度；P_P是理想模拟精度（100%）。

5.1.2.2　InVEST 模型

本章研究采用 InVEST 模型估算碳储量。该模型由斯坦福大学、大自然保护协会（TNC）和世界自然基金会（WWF）联合开发。该模型可以评估生态系统服务功能及其经济价值，为决策者提供系统管理和决策支持。InVEST 模型提供了碳储存和封存模块，可估算当前及未来的碳储量。碳储量由四部分构成，即地上生物量、地下生物量、土壤有机质、死亡有机质[225]。本章估计每种土地利用类型中四种类型的平均碳密度，然后通过土地面积和碳密度相乘来计算总的碳储量。计算公式如下：

$$C_i=C_{\text{above},i}+C_{\text{below},i}+C_{\text{soil},i}+C_{\text{dead},i} \quad (5.4)$$

$$C_t=\sum_{i=1}^{n}(A_i\times C_i) \quad (5.5)$$

$$\Delta C=|C_{t1}-C_{t0}| \quad (5.6)$$

式中，C_i是第 i 种土地利用类型的碳密度；$C_{\text{above},i}$，$C_{\text{below},i}$，$C_{\text{soil},i}$和 $C_{\text{dead},i}$是第 i 种用地类型的四种碳密度；C_t是总的碳储存量；A_i是第 i 种土地利用类型的面积；n 是土地利用类型数量；ΔC 是碳储存变化量；C_{t1}和 C_{t0}是 t_1和 t_0的碳储量。

结合当地林业调查、土壤普查和文献调查等多源数据获取碳密度数据（表 5.4）。考虑到重庆和成都的位置接近，本研究采用了相同的碳密度数据。为简化分析，本研究未考虑在同一用地类型中植被和土壤差异导致的碳密度变化[143,226]，仅考虑土地利用类型转换引起的碳储量变化。

表 5.4　各用地类型碳密度表　　（单位：t/hm^2）

土地利用类型	C_{above}	C_{below}	C_{soil}	C_{dead}	参考文献
城市用地	0.33	8.73	11.53	0	[184, 227]
林地	53.40	6.03	94	7.08	[228-230]
耕地	5.48	0.59	35.9	0	[210, 231, 232]
水体	2.14	7.31	11.3	0	[233, 234]

5.2 结果分析

5.2.1 土地利用分析

5.2.1.1 2005 ~ 2020 年土地利用时空变化

从时间变化来看，2005 ~ 2020 年重庆和成都城市用地面积显著增加，年均增长速度分别为13.72%和3.81%，尽管重庆的增长速度要快于成都（表5.5），但成都在2005年、2020年城市用地面积均超过重庆。从用地转换来看，重庆和成都城市用地增加的最大来源是耕地（图5.3）。过去十几年，重庆和成都的耕地年均分别减少了1.22%和1.34%，其中大部分耕地转为城市用地，少部分转为林地。此外，还有少部分林地和水体转为城市用地。从空间格局来看，重庆和成都的城市用地分布及其变化特征明显不同。2005 ~ 2020 年，重庆的城市用地扩张主要集中在沿中梁山与铜锣山之间的南北主轴，北部的两江新区（空港、礼嘉、悦来、蔡家、水土等组团）和西部的高新区（西永、大学城）见证了城市的快速增长。受山水格局影响，重庆城市用地扩张更多是沿山谷和河流的缓坡地带发展，具有多中心、组团式、跳跃式发展特征。同期，成都的城区主要集中在现有城区的周边，特别是四环内的城市核心区和周边地区（新都、郫都、温江、双流、天府新区和龙泉驿）。成都的城市用地扩张主要是在已有城市用地周边呈边缘增长、在核心区与郊区的连接处呈填充式增长，具有典型的圈层式和放射状发展特征。

表5.5 2005 ~ 2020 年土地利用变化数据表 （单位：km^2）

土地利用类型	重庆			成都		
	2005年	2020年	2005 ~ 2020年	2005年	2020年	2005 ~ 2020年
城市用地	339.6	1038.48	698.88	868.55	1365.43	496.88
林地	1123.86	1119.81	-4.05	302.02	294.95	-7.07
耕地	3849.12	3144.71	-704.41	2448.21	1957.75	-490.46
水体	149.42	159.00	9.58	53.09	53.74	0.65

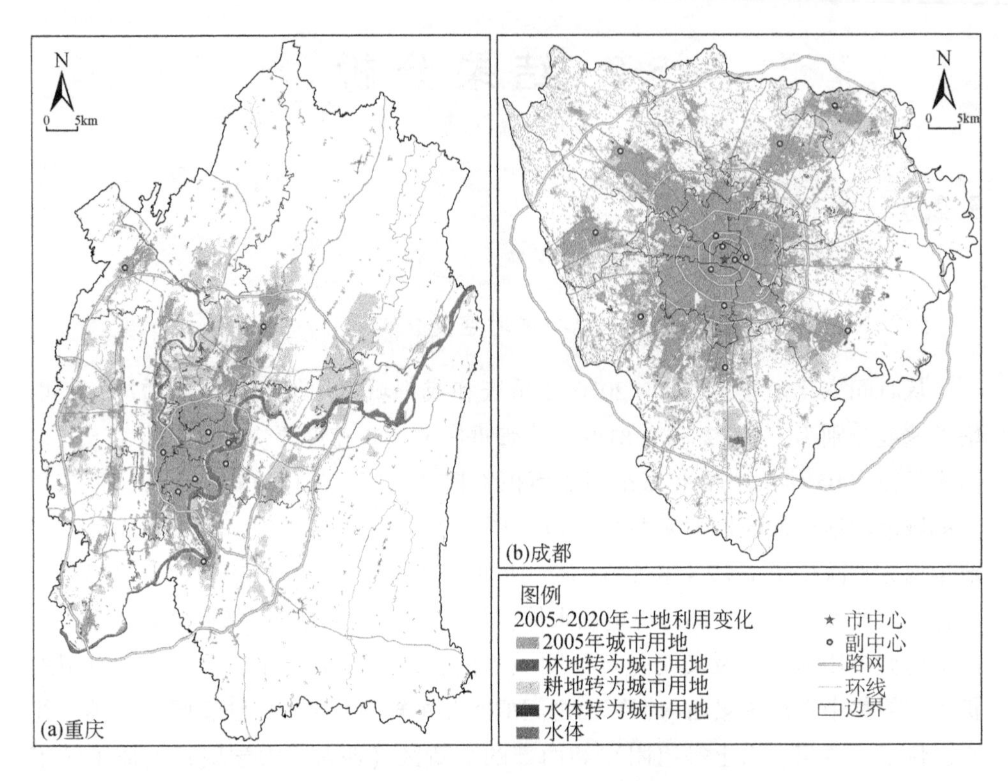

图 5.3　2005 ~ 2020 年土地利用空间变化图

5.2.1.2　多情景模拟结果

FLUS 模型结果显示，2020 年城市用地的模拟结果图和实际分布图总体上较为相似（图 5.4）。精度检验结果显示，模型的总体精度（OA）指数和 Kappa 系数达到预期。成都和重庆的 OA 分别为 0.81 和 0.80，Kappa 系数分别为 0.86 和 0.85，这说明 FLUS 模型具有较好的模拟精度和稳健性，可以用于模拟研究区 2035 年的土地利用变化情况。

基于 FLUS 模型，本研究预测自然增长、生态保护和耕地保护三种情景（图 5.5、图 5.6 和表 5.6）。模拟结果显示，从 2020 年到 2035 年，重庆的城市用地增长速度快于成都，这与历史发展趋势一致。在三种情景下，自然增长情景下的城市用地增长速度最快，而生态保护和耕地保护情景对城市用地增长有较强的约束作用。不同情景下，新增的城市用地主要来源于耕地，其中耕地保护情景则有效约束了耕地向城市用地的转换，在一定程度上保护了城市周边耕地。具体来说，

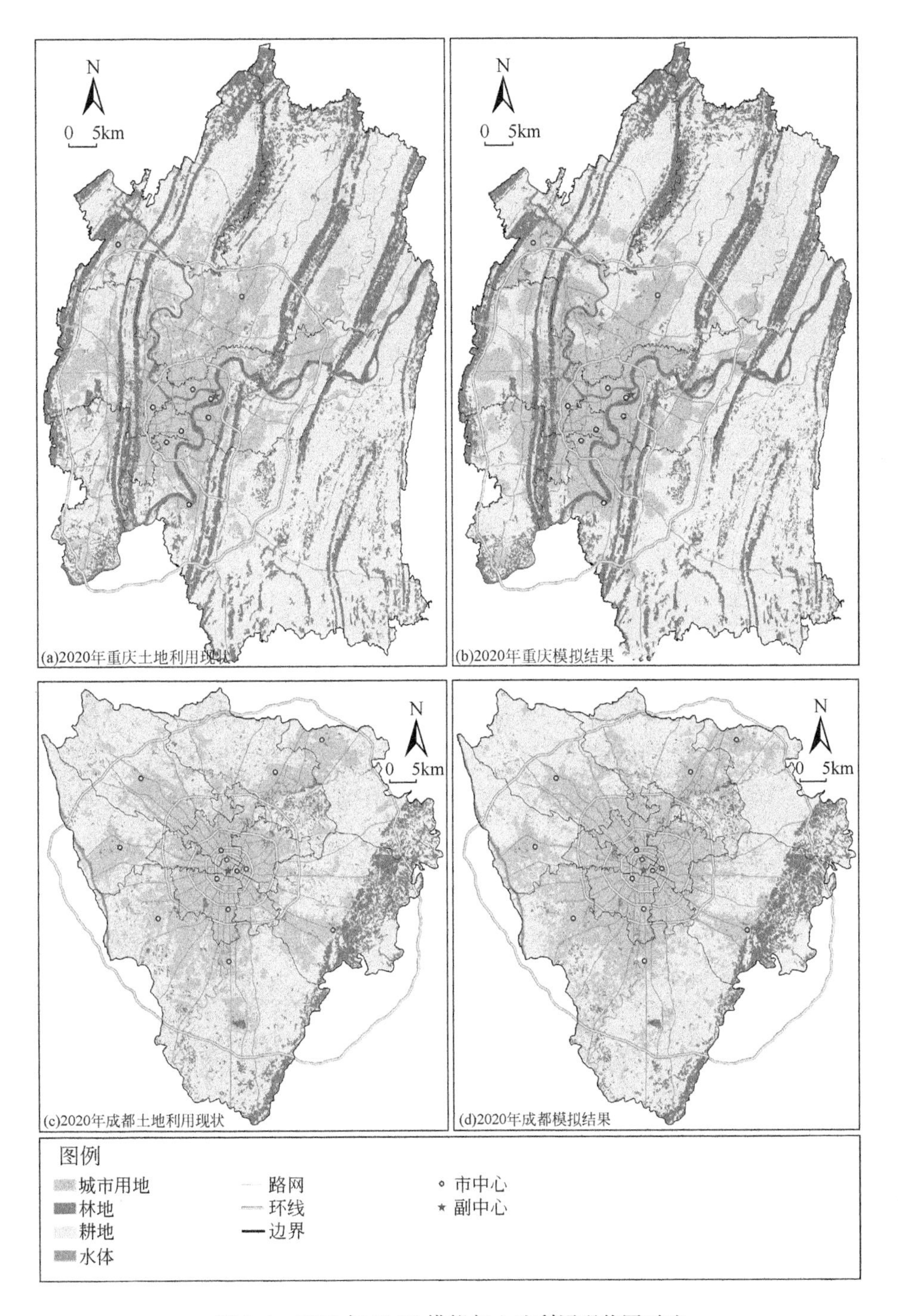

图 5.4 2020 年 FLUS 模拟与土地利用现状图对比

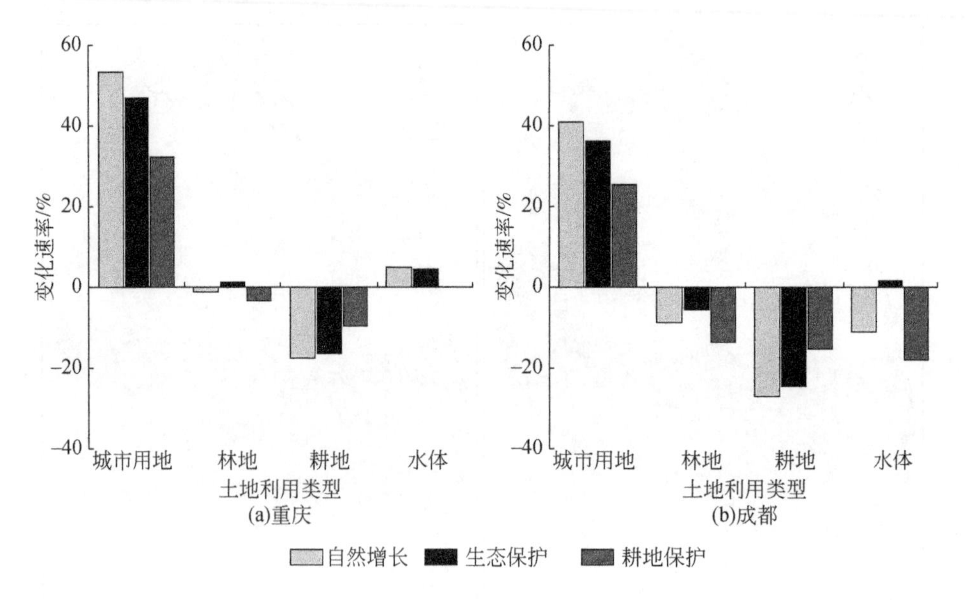

图 5.5 各情景用地类型变化速度

重庆和成都的不同发展情景具有显著差异：①自然增长情景下，重庆更多是在已有城市用地外围呈边缘扩张，而成都则更多在城市用地内部呈填充式增长。重庆的增长热点区域是北部的两江新区、西部的高新区、东部的茶园组团，总体上被中梁山、铜锣山、长江、嘉陵江所分割，使原有的中心和组团不断得到强化。新增城市用地侵占了周边的大量耕地，同时不断向山体边缘和邻水区域延伸。相比

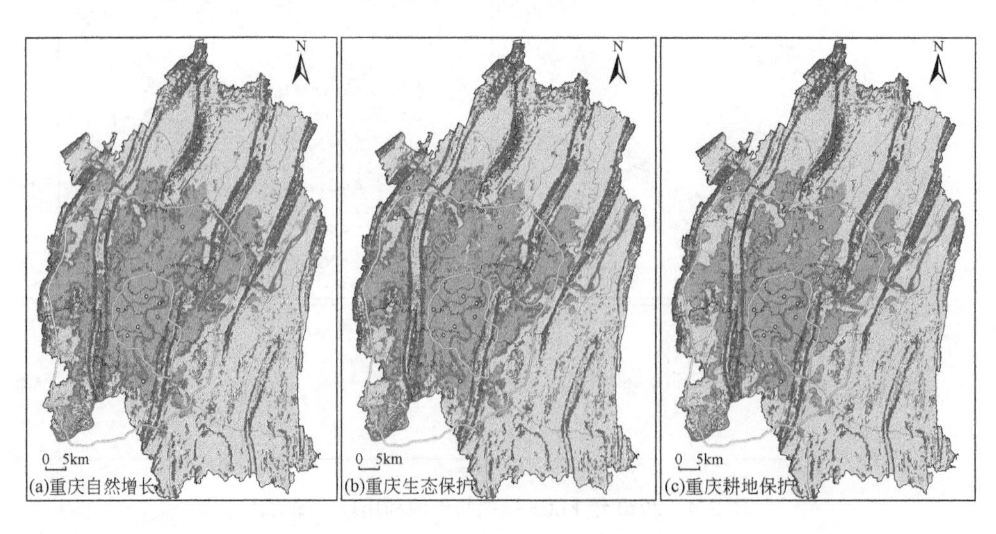

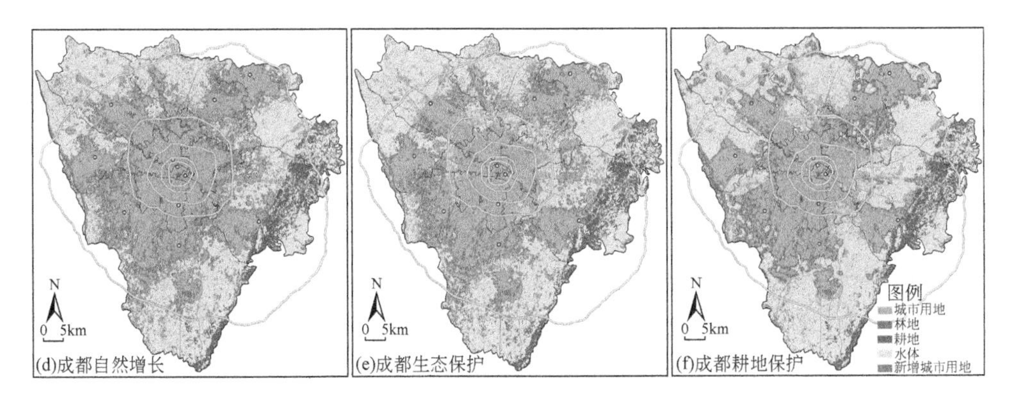

图 5.6　2035 年三种情景下土地利用模拟结果

表 5.6　2020～2035 年各情景土地利用变化数据表　（单位：km^2）

时间	土地利用类型	重庆			成都		
		自然增长	生态保护	耕地保护	自然增长	生态保护	耕地保护
2035 年	城市用地	1593.62	1525.44	1374.25	1924.49	1859.28	1712.52
	林地	1108.01	1133.65	1084.55	269.38	278.20	255.25
	耕地	2593.63	2636.79	2843.86	1430.05	1479.73	1660.00
	水体	166.74	166.12	159.34	47.95	54.66	44.10
2020～2035 年	城市用地	555.14	486.96	335.77	559.06	493.85	347.09
	林地	-11.80	13.84	-35.26	-25.57	-16.75	-39.70
	耕地	-551.08	-507.92	-300.85	-527.7	-478.02	-297.75
	水体	7.74	7.12	0.34	-5.79	0.92	-9.64

之下，成都城市用地增长的热点区域是四环周边区域、南部的天府新区、四环以外的郊区，新增城市用地导致四环附近及外围郊区周边的耕地大量减少。由于缺乏与重庆类似的山水屏障，成都新增城市用地的空间分布相对分散。②生态保护情景下，受已有林地和规划绿带的限制，重庆和成都的城市用地扩张得到一定程度的抑制。重庆山体顶部、陡坡地带、水体缓冲带等敏感区域的开发侵蚀减少。成都已有城市用地内部的公园绿地、环城生态带附近的绿色廊道也得到了有效保护，城市用地侵占水体的情况也有所减少。③耕地保护情景下，受耕地保护的限制，重庆和成都城市用地扩张将大幅减少，有效抑制城市无序蔓延，保留城市周边的大量优质耕地。重庆已有城市用地边缘增长将显著减少，耕地变化率只有自然增长情景的一半左右。同样，成都的城市扩张将受到很大限制，耕地变化率也

仅为自然增长情景的一半左右。总体上，生态保护和耕地保护情景可以通过保护特定区域，有效遏制城市扩张和耕地流失。上述模拟结果反映了在空间规划引导下，各类用地的空间管制效果明显。

5.2.2 生态系统服务变化分析

5.2.2.1 2005～2020年碳储量变化

InVEST模型的估算结果表明，2005～2020年重庆和成都总碳储量出现了明显的下降，而且重庆的下降幅度比成都大（表5.7）。2005～2020年重庆总碳储量减少1.57×10^6t，成都减少1.16×10^6t。尽管耕地转换是导致碳储量下降的主要原因，但重庆和成都的碳库组成及其减少原因却不同。重庆的林地为主要碳库，占比超过50%；而成都的耕地为主要碳库，占比超过50%。2005～2020年重庆城市开发过程中的挖高填低和植被清除，导致林地逐渐缩减，林地碳储量也相应减少。值得一提的，重庆林地主要分布在山脊、陡坡、冲沟等敏感地带，城市开发导致其固碳能力下降，不利于生态脆弱区保护。在过去十几年里，重庆的耕地碳储量减少了2.96×10^6t。同样，成都的耕地碳储量在同一时期也减少了2.06×10^6t，是成都碳库损失的主要原因。成都地处冲积平原地区，耕地分布较广、耕地质量较好，耕地向城市用地的流转导致了大量碳库流失。成都林地的变化仅导致碳储量的轻微下降，这主要是由于成都林地主要分布在龙泉山脉和城市远郊，受城市开发影响相对较小。总体上，城市快速扩张及对耕地的占用，导致两个城市的碳储量大幅降低。

表5.7 2005～2020年碳储量变化 （单位：10^6t）

土地利用类型	重庆			成都		
	2005年	2020年	2005～2020年	2005年	2020年	2005～2020年
城市用地	0.70	2.14	1.44	1.79	2.81	1.02
林地	18.04	17.97	-0.07	4.85	4.73	-0.12
耕地	16.15	13.2	-2.96	10.28	8.22	-2.06
水体	0.31	0.33	0.02	0.11	0.11	0
总计	35.2	33.64	-1.57	17.03	15.87	-1.16

5.2.2.2 多情景碳储量变化

基于 FLUS 模型和 InVEST 模型，预测 2035 年三种情景下的碳储量变化。结果发现，重庆和成都的碳储量显著减少，其中耕地减少、城市用地增加是引起碳储量变化的主要原因（表 5.8、图 5.7）。总体来说，相比于自然增长情景，生态保护和耕地保护情景能有效缓解碳库减少趋势，表明空间规划政策的约束有显著作用。值得指出的是，重庆的生态保护情景比耕地保护情景具有更高的碳储量，而成都的耕地保护情景比生态保护情景具有更高的碳储量，与重庆的趋势相反。这说明重庆的生态保护对碳库有显著贡献，而成都的耕地保护对碳库贡献更大。具体来说，三种情景的碳储量变化有显著差异：①自然保护情景下的碳损失程度最大，重庆和成都的碳储量分别损失 1.34×10^6t 和 1.48×10^6t，其中耕地减少导致碳储量损失是主要原因。大量耕地向城市用地转换，导致耕地流失，土壤有机质和地上生物质减少，生态系统的固碳能力被削弱。②生态保护情景下，重庆和成都的碳储量分别损失 0.9×10^6t 和 1.26×10^6t，与自然增长情景相比可缓解碳储量下降的趋势。在生态保护情景下，重庆能较好保护对碳库贡献最大的林地类型，将导致至 2035 年林地碳储量增长 0.22×10^6t。生态保护情景会在一定程度上减少坡耕地的占用，缓解耕地碳损失速度。因此，重庆生态敏感区管制可有效防止关键生态区或敏感生态区被破坏，维持生态系统的碳库稳定。相比之下，成都生态保护情景会在一定程度缓解林地和耕地的碳流失，具有积极的碳储存功能，但总体上不如重庆的缓解作用明显。③耕地保护情景下，相比于自然增长情景，重庆和成都的耕地碳库损失都减少一半左右。这说明城市周边划定永久基本农田保护区，将对城市用地扩张起到约束作用，从而遏制碳储量的快速流失。考虑耕地作为成都主要的碳库，有必要对高质量农田进行严格保护，从而维持生态系统服务功能。

表 5.8　2020～2035 年各情景碳储量变化　　（单位：10^6t）

土地利用类型	重庆			成都		
	自然增长	生态保护	耕地保护	自然增长	生态保护	耕地保护
城市用地	1.14	1.00	0.69	1.15	1.02	0.71
林地	-0.19	0.22	-0.57	-0.41	-0.27	-0.64
耕地	-2.31	-2.13	-1.26	-2.21	-2.01	-1.25
水体	0.02	0.01	0	-0.01	0	-0.02
总计	-1.34	-0.90	-1.14	-1.48	-1.26	-1.20

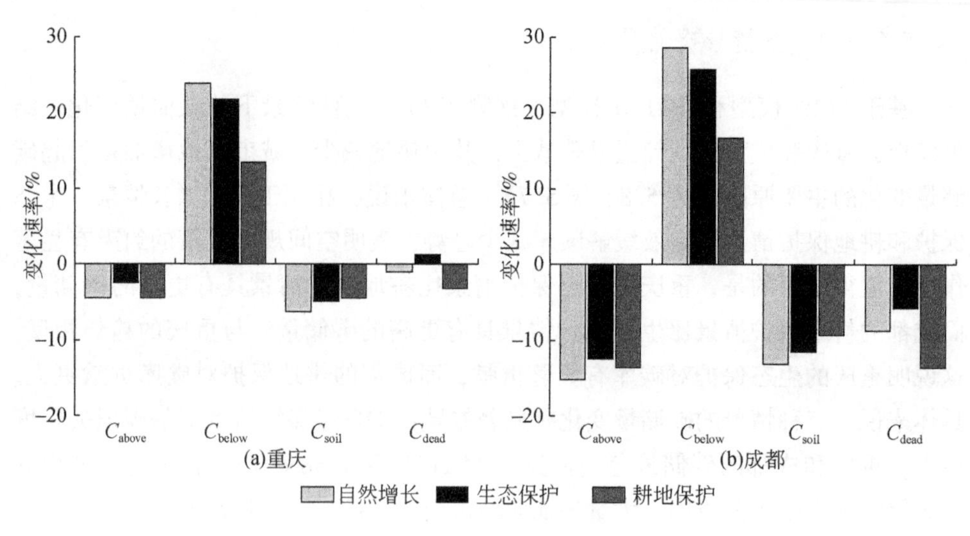

图 5.7　2020～2035 年各情景碳库变化

5.3 讨　　论

5.3.1 土地利用变化差异

本研究突出了山地城市和平原城市的土地利用变化差异：①不同地形条件和城市形态下的土地利用变化。重庆是典型的山地城市，山水切割、地形起伏，奠定了其多中心、组团式发展的基础。而成都是典型的平原城市，地形平坦、水系发达，奠定了其中心—外围发展的基础[45]。本研究表明，重庆 2005～2020 年的土地利用变化主要是沿现有中心和组团继续强化。在城市尺度上受山水格局影响较大，重庆的山脉大多被林地所覆盖、河流下切较深，有效防止城市的集中连片发展，导致城市呈空间跳跃和离散开发的特点。在中心/组团内部，城市开发密度较高，充分利用有限的空间和城市设施。重庆山水限制下的多中心、组团式发展格局，与其他山地城市类似，如香港、贵阳、广州[235,236]。相比之下，成都 2005～2020 年土地利用变化沿袭了原有的中心—外围格局，具有圈层式和放射状发展特征。新增城市用地主要分布在中心及外围的邻近地带和连接地带，在原有城市用地内部填充发展较多，大量侵占周边优质耕地[45]。尽管成都不断将人口和产业向外转移，但城市用地仍呈现主中心强、副中心弱的特点[237]。在未来，南部天府新区的兴起可能在一定程度上缓解主中心过于拥挤的问题，形成双核发展趋势。成都冲积平原之上的中心—外围格局，与其他平原城市类似，如北京、上海[45]。②不同情景下的土地利用变化。三种情景预测的未来土地利用变化与历史发展趋势有相似之处，但重庆城市用地的剖面线相对平缓、成都则更加陡峭（图 5.8）。三种情景的对比分析发现，自然增长情景下城市扩张速度最快，消耗了大量的耕地和林地。重庆新增城市用地主要分布在距市中心 10km 以外的副中心/组团，而成都则主要分布在 15km 以内的四环区域。生态保护情景下城市扩张速度中等，这说明林地、公园、水域等生态用地能抑制局部地区的城市扩张，尤其是成都的环城生态带能有效抑制城市用地摊大饼式扩张。耕地保护情景下城市扩张速度最慢，能有效保护重庆和成都城市周边的优质耕地，将减缓城市用地的盲目扩张。考虑到重庆和成都未来的快速城市化发展趋势，耕地保护情景需要通过更多的旧城更新和内部填充来替代外延扩张，以满足新增城市人口对城市用地的需求。

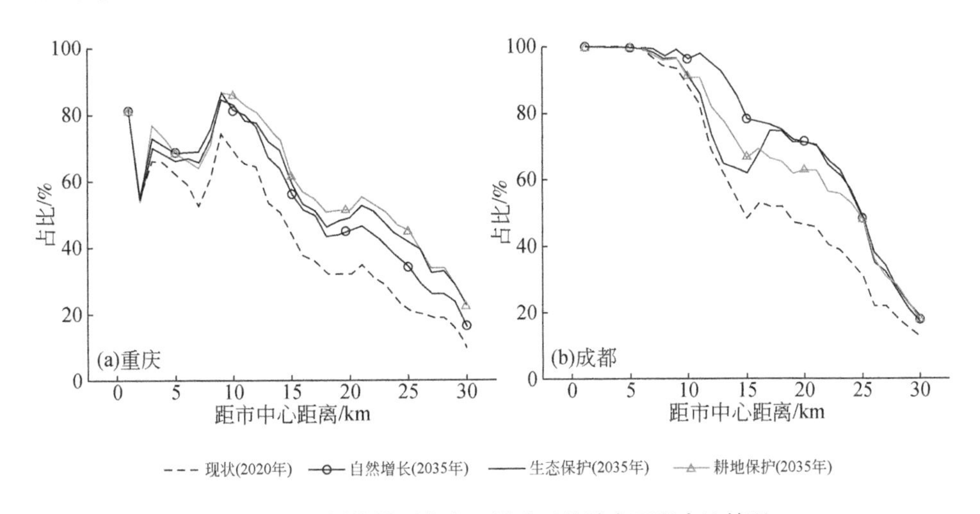

图 5.8　不同情景下市中心缓冲区的城市面积占比情况

5.3.2　生态系统服务变化差异

重庆和成都的城市扩张不断将自然植被转化为不透水面，极大地改变了城市生态系统和碳储量。近期研究表明，在区域和全球尺度上，城市化减少了陆地碳，增加了碳排放[238]。成都和重庆的城市扩张占用耕地是碳储量减少的主要原因，这与我国其他城市类似[239,240]。由于耕地和林地等高碳密度用地类型的流失，重庆和成都的碳储量在未来三种情景下都将继续减少，这与现有研究结果一致[209]。

本章研究探讨了山地城市和平原城市的碳储量变化差异：①重庆的林地对碳储量贡献较大，而成都耕地对碳储量贡献较大，这与两个城市的地形条件和资源禀赋高度相关。重庆的林地主要分布在缙云山、中梁山、铜锣山、明月山及坡度较大的山丘上。尽管山顶和山丘植被受零星开发的影响，但上述区域植被覆盖度总体较高，在空间上呈条带状和块状分布，因而储存了高密度的碳库。重庆的耕地主要为山脚的坡耕地、梯田和山谷的冲田，田块相对破碎，在部分区域与林地呈交错分布[241]，对碳库的贡献仅次于林地。相比之下，成都地处平坦肥沃的冲积平原，耕地规模较大、集中连片、分布广泛，构成了成都的基质景观，贡献了最大的碳储量。而成都城市周边林地则相对分散，与耕地呈交错分布，对碳储量的贡献相对较小。②重庆生态保护情景比耕地保护情景更能缓解碳库损失，而成都耕地保护情景比生态保护情景更能缓解碳库损失，两者的趋势正好相反。这一趋势反映了生态保护情景在很大程度上能保护重庆脆弱敏感的林地、水体和坡耕地，防止碳密度高的土地类型转为碳密度低的城市用地。耕地保护情景更能避免成都城市周边的优质耕地被大量建设用地占用，从而保存更多的土壤有机质和地上生物质，减缓碳库损失[242]。在国土空间规划中，应针对山地城市和平原城市的特点，采用差异化的空间规划方案和碳库管控措施[243]，统筹生态空间、农业空间和城市空间的协调发展。空间规划不能仅考虑各类用地的经济价值，还需要重点考虑各类用地提供的生态系统服务功能，通过遏制林地、耕地等高碳密度地类的流失，限制城市用地等低碳密度地类的增长，将区域内的碳储量维持在较高的水平上[210,244]。

5.3.3　政策建议

基于上述研究发现，提出以下政策建议：①山地城市需要重点保护生态价值较高的生态用地类型，而平原城市需要重点保护集中连片的优质耕地。近年来重庆城市飞速扩张，城市用地开始突破狭长河谷的有限空间和南北发展轴向的限制，不断入侵脆弱敏感的山地生态系统，导致景观破碎化[245]。因此，重庆需要保存碳密度较高的自然生态用地，尤其是重点保护生态敏感带和水源涵养区[246]，减少植被破坏和土壤侵蚀，从而缓解碳储量下降趋势。尽管近年来成都的城市扩张速度有所减缓，但城市圈层式扩张和放射状发展动力较强，导致城市开发与耕地保护之间的矛盾突出，出现耕地空间破碎化现象。因此，成都需要重点保护集中连片的优质耕地，科学划定并严格管制城市周边永久基本农田，以便更好保存耕地碳库[247]。②山地城市需要优化其多中心、组团式空间形态，而平原城市可以通过空间规划逐步走向多中心的形式。重庆的大规模城市开发带来了山体切坡、夷平山丘、填平沟壑、侵占绿地等问题，而成都的城市开发则呈连片绵延之势，大量侵占城市周边优质的耕地和切割密布的水网。重庆更多是在山水格局下的空间不连续和跳跃式蔓延，而成都更多是在均质平原上的“摊大饼式”蔓延。因此，在城市形态优化上，重庆可利用山水格局的有利条件，加强“两江四山”的生态保护，通过城镇开发边界和组团隔离带，限制城市的“跳跃式”蔓延。成都可通过天府新区的建设，改变单中心的发展格局，实现核心区和天府新区的双核联动发展，并通过城市绿地、城市湿地、郊野公园组成环城生态带，严格限制城市外围低密度和低效率扩张，将城市人口和产业有机疏散到外围郊区组团，从而减缓“摊大饼”蔓延对生态系统服务的影响[248]。

5.3.4 研究贡献与不足

本研究的主要贡献在于：①基于多源空间数据，揭示山地城市和平原城市的城市扩张特征差异，即山水格局下的“多中心、组团式”形态与开阔地形下的“中心—外围”形态。上述城市扩张形态也常见于在我国山地城市和平原城市中，因而研究思路和相关研究成果也可推广到其他同类城市中。②阐明城市类型差异及空间规划差异对碳储量的影响，在一定程度上丰富和发展现有知识体系。在国土空间规划引导下，本研究耦合 FLUS 模型和 InVEST 模型，构建生态约束和耕地约束等多方案情景，探讨山地城市和平原城市的用地转换对碳储量的影响。研究结果表明，通过引入国土空间规划思路，采用生态保护红线和永久基本农田保护红线的情景，比延续历史发展趋势情景更能缓解碳储量下降的趋势。此外，山地城市应强调生态红线的保护，而平原城市应强调耕地红线的保护，不同的侧重点也会对不同类型城市的碳储量有显著影响。因此，研究结论对国土空间规划具有决策参考价值。

本研究存在一定的局限性：①由于我国城市大多处于快速发展阶段，受政策突变性的影响较大，本研究采用的模型仅考虑邻域相互作用，模拟结果较难体现政策突变性带来的影响。②为简化研究，本研究仅考虑不同土地利用类型转换带来的碳库变化，未考虑同一土地利用类型内部由于耕作方式、植被结构、用地调整带来的变化。③本研究主要参考了国土空间规划的思路进行情景设定，但由于国土空间规划目前还在摸索和实践中，可能导致研究的情景设置存在偏差。

5.4 本章结论

本章基于 FLUS 与 InVEST 模型，探讨了在国土空间规划政策约束下，山地城市和平原城市的土地利用变化特征及碳储量变化趋势。主要研究发现如下：①2005～2020 年重庆和成都城市用地的年均增长幅度分别为 13.72% 和 3.81%，城市扩张主要以侵占大量耕地为代价。相应地，重庆和成都的碳储量分别减少 1.56×10^6t 和 1.16×10^6t。②2020～2035 年未来不同情景下重庆与成都城市用地布局差异较大，通过空间规划引导，生态保护情景和耕地保护情景更能抑制城市扩张、加强生态保护和耕地保护。在国土空间规划引导和约束下，生态保护和耕地保护情景能缓解碳储量减少。其中，重庆的生态保护情景比耕地保护情景能保存更多碳库，成都的耕地保护情景比生态保护情景能保存更多碳库。因此，山地城市需要重点保护生态价值较高的生态用地类型，平原城市需要重点保护集中连片的优质耕地。通过揭示国土空间规划下碳储量的可能演变趋势，能为不同类型城市采用差异化的空间规划措施和碳库保存策略提供决策参考。

合作作者：重庆大学杜金平硕士研究生、重庆大学明雨佳博士研究生、重庆邮电大学罗文竹老师

第6章　不同多中心形态下的城市热岛差异

城市热岛（Urban heat island）是指城市地表或空气温度高于周围区域的现象[249-253]。在快速城市化进程中，自然地表不断转换为不透水面，加之工业热、交通热、建筑热及其他人为热排放，导致城市温度升高[249,254]。大量研究表明，城市热岛是全球广泛存在的城市问题[255-259]，给人类社会带来诸多不利影响，如增加制冷系统能耗[260]、影响地表能量平衡[261]、推高人群发病率和死亡率[262]。为应对上述不利影响和实现城市可持续发展目标，迫切需要持续开展城市热岛研究。现有研究围绕城市热岛缓解，提出了不同的治理措施，如增加植被覆盖、改变地表反照度、优化城市形态等[255,256,263]。

以往的研究发现，城市形态对城市热岛强度有显著影响[256,264,265]。有研究进行了城市间的热岛比较，结果发现紧凑型城市的热岛强度高于蔓延型城市[256,266,267]。当然，也有其他研究持相反观点，认为城市蔓延会加剧城市热岛[268-270]。而近期研究则证实了城市形态和城市热岛的关系相对复杂。例如，Debbage 和 Shepherd[264]的研究发现，无论是紧凑型城市还是蔓延型城市，城市空间连续性的增加均可能提高城市热岛强度。Yang 等[271]的模拟结果表明，与紧凑型城市相比，蔓延型城市的城市热岛强度相对较低，但是热负荷较大和热反馈较严重。

相较于紧凑/蔓延城市分类，目前较少有研究关注多中心形态能否缓解城市热岛效应[256,266]。在城市空间结构中，单中心和多中心是由聚集发展和分散发展而产生的两种经典形态[14,27,272]。与紧凑/蔓延形态相比，单中心/多中心模式不仅包括形态结构（如不同城市中心的规模和分布），还包括功能联系（如城市居民的通勤网络联系）[273]。

理论上，单中心城市在核心区域人口和建筑高度聚集，导致高强度的人为热排放和突出的城市热岛问题[273,274]。单中心城市发展增加了居民往返式通勤发生率[275]，可能加剧交通热排放并提高城市热岛强度。多中心结构则被认为是良好的城市形态[256,267]。例如，Liu 等[266]认为，多中心是缓解城市热岛的最佳城市形态。多中心城市不断由主中心向外围副中心转移人口和产业，从而缓解城市拥堵和污染问题[276]，降低市中心的城市热岛强度。此外，多中心可实现职住平衡，缩短居民通勤距离，从而减少交通能耗，降低城市热岛强度。

然而，也有研究指出，多中心形态可能会导致城市热岛向外扩散[268-270]。相关文献发现，部分城市的卫星城镇规模较小、功能单一，高度依附于主中心[161,277]，反而会增加通勤距离和人为热排放[271]。例如，Lin 等[278]的研究表明，多中心发展导致了分散化的就业布局，显著增加了居民通勤时间。Huang 等[279]认为，多中心也有可能导致职住错位，加剧城市拥堵、空气污染和能源消耗。Yue 等[256]指出，城市发展往往与城市规划所倡导的理想多中心形态大相径庭，从而加剧城市热环境的恶化。因此，上述理论分析结果还需要通过详细的经验研究加以验证[264,271,280]。

已有经验研究大多关注平原城市的城市形态和城市热岛问题[12]，较少注意到山地/平原城市在城市形态和城市热岛上的显著差异[281]。在地形起伏和山水隔离的影响下，山地城市大多自然演化为多中心城市形态，具有总体分散和局部集中的城市发展特征[21]。在山谷复杂地形和粗糙下垫面的影响下，形成不同于平原城市的城市热岛特征[80,126]。然而，自然隔离也避免了城市粘连式发展，可能减轻城市热岛强度[246]。因此，追切需要开展平原城市与山地城市的城市形态和城市热岛比较研究。为此，本章旨在阐明多中心城市形态对城市热岛的影响，尤其是考虑到平原城市与山地城市地形的差异。

6.1 分析框架

本章重点关注平原/山地城市在有/无自然限制下的城市热岛差异，以及在此基础上产生的建筑形态、路网格局、人口分布差异对城市热岛的影响。因此，本节将提出一个分析框架，从自然地形和建成环境两方面分析其对城市热岛的潜在影响，为城市热岛模型的自变量选择和影响因素分析提供依据。

6.1.1 自然地形对城市热岛的影响

6.1.1.1 平坦/粗糙下垫面对城市热岛的影响

早期研究较少关注自然地形对城市热岛的影响[249,255,263,282]，更多关注平坦地形上城市和农村之间的温度差异[283]。全球范围内，大量城市修建在地势相对平坦的区域，平原上轻微的地形起伏并不足以影响城市的热岛强度[263]，因而相关研究大多基于平原城市分析城市热岛[282]。然而，山地城市占我国城市数量的三分之一左右，随着山地城市的快速发展，其城市热岛值得重点关注[282,284,285]。在山地城市中，如果不考虑地形的影响，可能会导致城市热岛分析出现偏差[286,287]。Yao 等[287]的研究表明，忽略地形因素将导致城市热岛出现估算误差。相关证据表明，不同的自然地形对城市热岛的形成和演变具有重要影响[283,288]。平坦地形因子与城市热岛强度呈弱相关[263,283]，而粗糙地表与城市热岛强度呈强相关[283]。因此，平坦/粗糙地表是否对城市热岛具有不同影响，还需要进一步的经验研究[283,289]。

6.1.1.2 山水自然因素对城市热岛的影响

山脉和水体等自然因素对城市热岛强度和分布有深刻影响[290,291]。山地城市具有丰富的山水格局景观，如重庆和兰州是多山富水的山地城市[126,282]。自然因素隔离了城市建成区的成片式发展，能降低城市热岛强度及空间连续性[264]。山地城市往往海拔相对较高，地形起伏多变，植被较为茂盛，降水量更多[292,293]。受海拔升高与植被蒸腾作用和降温效应的影响，其地表温度可能会有所降低[255,256]。河流和湖泊等大型水体能降低平原城市建成区的空间连续性（如上海和武汉），也能将山地城市的建成区分割成多个城市组团（如重庆）[12]。建成区空间连续性的降低，能在一定程度上缓解城市热岛效应[256,264]。而且，建成区孔隙度的增加、水体蒸腾作用和空气对流作用，能通过冷却效应降低城市热岛强度[294,295]。山脉与水体对城市形态和蒸腾作用有潜在影响，从而有可能缓解城市热岛效应，因而需要对其开展对比研究。

6.1.2 城市形态对城市热岛的影响

6.1.2.1 建筑形态对城市热岛的影响

建筑形态是导致平原/山地城市热岛差异的重要原因[184]。建筑不透水面增加了地表对太阳辐射的热量吸收，增加了建筑物的热储量[296]。此外，建筑使用过程存在制冷和制热需求，会产生大量能源消耗，导致其表面温度高于周围自然地表[286,296]。总体上，在平原/山地城市中，建筑形态对城市热岛有重要影响，但不同建筑形态对城市热岛强度的影响不同。平原城市由于缺少地形制约，建筑高度相对较低、密度相对较高，建筑分布相对均质，其形态规则、规模接近[297]，不利于空气对流和地表热量扩散。山地城市可供开发的谷地和缓坡有限，在同等建筑体量下，建筑高度相对较高、分布形态复杂，建筑密度则相对适中，建筑形态空间异质性较高[283,297]，对通风和散热产生潜在影响。

6.1.2.2 路网格局对城市热岛的影响

大量研究表明，路网密度对城市热岛具有促进作用[298-301]。首先，道路的不透水面材料会影响地表反照率和辐射通量，导致道路表面温度相对较高[300,302,303]。其次，路网密度与城市汽车保有量和使用量密切相关[301,302]。路网密度高的地区通常具有更高的通勤流量，导致交通拥堵、能源消耗和汽车尾气增加，从而增加人为热的排放[300,302]和道路表面温度[297]。因此，在不同类型城市中，路网格局对城市热岛具有不同的影响。平原城市通常道路较宽且分布规则，而山地城市道路相对狭窄且分布不均，随地形起伏而蜿蜒曲折[297]。平原城市主中心聚集了大量的就业岗位，房价高昂，导致大量人口沿主干道和地铁线向外分散居住[304]。“中心—外围”发展产生了职住空间错配，增加了长距离的往返式通勤和高峰时段的道路拥堵[304,305]。山地城市则以多中心形态为主，在副中心/组团形成多个就业中心，中心/组团内部实现就地平衡，分散了交通流量，从而减少了中心/组团之间的通勤发生率[304,305]。因此，平原/山地城市的路网格局可能导致城市热岛差异，值得深入研究。

6.1.2.3 人口分布对城市热岛的影响

城市人口分布和人类活动对城市热岛有重要影响[255,256,306]。人类活动对城市热岛有潜在影响，尤其是工业生产、商业行为、居住活动、通勤需求或其他生产生活行为，会产生大量能源消耗，可能显著提高城市热岛强度[307]。因人类活动的空间分布极其复杂，不能简单地通过人口密度或人口分布来衡量，可以通过工业布局、商业行为和居住活动分布，更好地刻画人类活动对城市热岛的影响。考虑到案例城市不同的人口分布模式，尝试基于人口热力图探讨人口分布对城市热岛的影响。平原城市的主中心聚集了大量城市人口，从中心到外围人口密度逐渐递减；而山地城市的主/副中心各自承载了大量城市人口，呈现大分散、小集中的空间格局。因此，平原/山地城市的人口分布差异可能对城市热岛效应有不同影响，需要进一步开展研究。

6.2 数据与方法

6.2.1 数据来源与变量选择

表6.1 和表6.2 展示了变量选择、指标描述及数据来源。为确保分析的一致性，所有变量获取时间统一为 2018 ~ 2019 年，与城市热岛强度获取时间相同。基于上述分析框架，在回归模型中设置了三组主要变量：第一组变量是城市形态因素，具体包括建筑密度（BD），是常见的城市形态变量之一[308,309]；道路密度，反映平原/山地城市的道路网络；人口热力指数（PHI），反映人口集中/分散程度。第二组变量是地形因素，具体包括天空视域因子（GSVF）、城市地表粗糙度（USR），反映地形起伏和建筑分布的影响。第三组变量是土地利用/覆盖因素，具体包括工业用地比例（PIA）、不透水面比例（PIS）、植被指数（EVI）、水体比例（PW），反映下垫面对城市热岛的影响[308]。以主干道围合而成的街区为基本研究单元，对所有变量值进行分区统计（图 6.1）。

表 6.1 变量选择及指标描述

变量名	缩写	描述	计算	数据源
建筑密度/%	BD	建筑基底面积与地块面积之比	$BD = \sum_{i=1}^{n} A_{bi}/A_B$，其中 A_{bi} 是建筑基底面积，n 是街区建筑数量，A_B 是街区面积	三维建筑分布
道路面积比例/%	RSD	道路表面积与街区面积之比	$RSD = \sum_{i=1}^{n} A_{ri}/A_B$，其中 A_{ri} 是道路 i 的表面积，n 是街区内道路数量，A_B 是街区面积	路网分布图
人口热力指数	PHI	街区人口热力指数均值	$PHI = \sum_{i=1}^{n} P_i$，其中 P_i 是采样点 i 的人口热力值，n 是街区内的采样点数量（25m 间隔）	宜出行热力图
天空视域因子	GSVF	从城市地面被释放的辐射与总的半球辐射比值	$GSVF = 1 - \sum_{i=1}^{n} \sin^2 \beta_i(\alpha_i/360°)$，其中 n 是半球内障碍物角度元素的总数量，α_i 和 β_i 是角度元素 i 的仰角和方位角	DEM 和三维建筑分布

续表

变量名	缩写	描述	计算	数据源
城市地表粗糙度	USR	街区城市地表的相对高差	USR = $(H_{max} - H_{min}) \times (1 - A_P/A_B)$，其中 H_{max} 和 H_{min} 分别是街区的最高和最低海拔高度，A_P 和 A_B 分别是街区的平地面积与总面积	DEM 和三维建筑分布
工业用地比例/%	PIA	工业用地与街区面积之比	PIA = $\sum_{i=1}^{n} A_i / A_B$，其中 A_i 是工业地块 i 的面积，n 是街区内工业地块数量，A_B 是街区面积	土地利用图
不透水面比例/%	PIS	不透水面与街区面积之比	PIS = A_{isi}/A_B，其中 A_{isi} 是道路、屋顶及其他不透水面的面积，A_B 是街区面积	Landsat 解译图
增强植被指数	EVI	街区增强植被指数均值	EVI = 2.5 × (NIR - Red) / (NIR + 6.0 × Red - 7.5 × Blue + 1)，其中 NIR/Red/Blue 分别是经大气校正后的 Landsat 影像近红外光波段、红光波段、蓝光波段	Landsat 解译图
水体比例/%	PW	水体面积与街区面积之比	PW = $\sum_{i=1}^{n} A_{wi} / A_B$，其中 A_{wi} 是水体 i 的面积，n 是街区内的水体数量，A_B 是街区面积	土地利用图

表 6.2　变量统计分析

变量	成都				重庆			
	最小值	均值	最大值	标准差	最小值	均值	最大值	标准差
BD	0	20.04	91.28	13.20	0	15.70	59.77	11.73
RSD	0	11.57	47.26	5.67	0	11.36	43.77	5.85
PHI	9.15	650.16	3164.58	472.22	0	565.80	3102.70	538.54
GSVF	0.42	0.90	1.00	0.10	0.44	0.87	1.00	0.11
USR	0.96	31.75	222.44	27.16	1.00	67.67	305.46	40.25
PIA	0	12.53	100.66	23.86	0	18.63	100.99	28.01
PIS	0	72.79	118.86	25.77	0	65.92	133.56	23.82
EVI	0.03	0.35	0.82	0.12	0.08	0.33	0.69	0.09
PW	0	1.00	58.66	3.95	0	0.56	36.81	2.50

从不同机构收集多源数据，获取不同变量的取值。①从规划与自然资源部门、百度在线地图（https://map.baidu.com/）收集三维建筑模型和路网数据。三维建筑模型包含建筑物位置、占地面积、高度等信息，具有较高的空间分辨

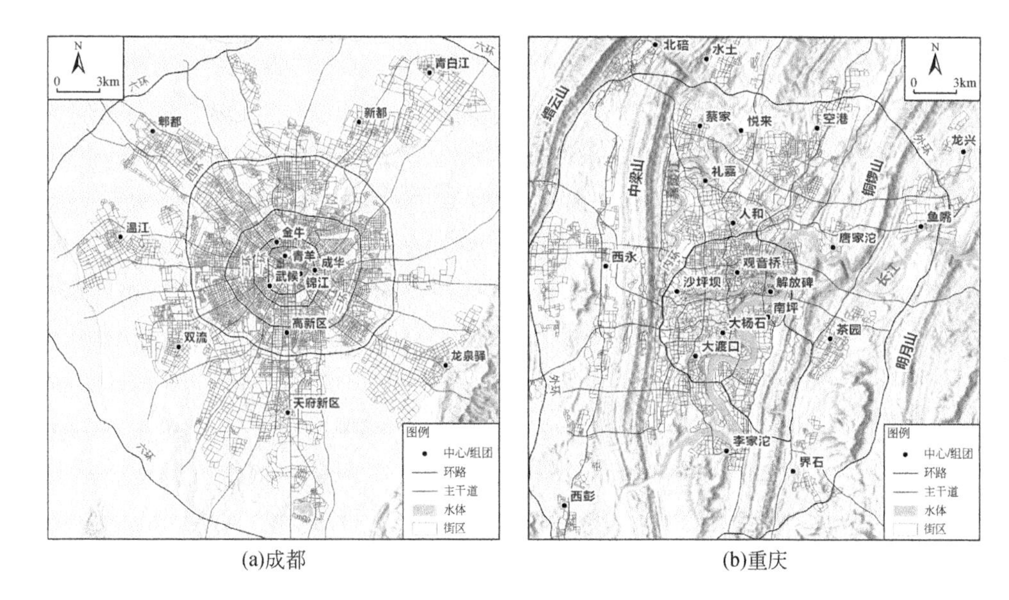

图 6.1　研究区街区分布图

率。路网数据包含道路等级、宽度、形状信息。②人口热力指数来自腾讯地图（https://heat.qq.com/）提供的宜出行热力图，时间跨度为一周，空间分辨率为 25m。热力图记录腾讯产品的活跃用户位置，包括 QQ（即时通信工具）、微信（移动聊天应用）、在线地图（网络地图服务）和其他基于位置的服务（LBS）[114]。在 ArcGIS 中汇总每个街区内宜出行热力点（25m×25m 间隔）的热力指数。③从规划与自然资源部门收集土地利用分类图，包含住宅、工业、绿地、水体等不同类型的土地利用信息。④基于相关研究（http://data.ess.tsinghua.edu.cn/gaia.html）[310]和 GEE 平台数据库，获取空间分辨率为 30m 的陆地资源卫星衍生数据，包括不透水面图层和植被指数图层。

6.2.2　研究方法

6.2.2.1　城市建成区提取

基于谷歌地球引擎（GEE）提供的 2019 年 8 月 11 和 8 月 20 日的 Landsat 8 OLI 影像，提取了成渝两地的城市建成区（表 6.3）。包括成都一景 Landsat 影像和重庆四景 Landsat 影像，采样间隔控制在一周内，尽可能地减少时间差异。收集归一化植被指数（NDVI）、归一化建筑指数（NDBI）、归一化裸土指数（BSI）、归一化水体指数（NDWI）、不同季节的 NDVI 均值、数字高程模型（DEM）等辅助空间图层，与原始图像相叠加，通过机器学习刻画影像纹理特征。在 GEE 平台中，通过随机森林算法进行土地利用分类，划分城市土地、水体、裸地和其他土地。选取 796 个训练样本，作为土地利用分类特征数据。基于 Google Earth 平台的高分辨影像，随机选择 2453 个样本点，验证土地利用分类精度。两个城市的建成区解译 Kappa 系数高于 85%，生产者精度和使用者精度均在 90% 以，具有较高的准确性和可信度（表 6.4）。

表 6.3　用于获取建成区和地表温度的 Landsat 影像

城市	影像	时间	行号	列号
成都	Landsat 8 OLI	2019/08/11	129	39
重庆	Landsat 8 OLI	2019/08/13	127	39/40
		2019/08/20	128	39/40

表 6.4　建成区解译精度评估

城市	生产者精度	使用者精度	Kappa 系数
成都	95.4%	93.5%	90.9%
重庆	95.6%	92.7%	88.7%

6.2.2.2　城市热岛强度提取

考虑影像的可获取性，选取 2019 年夏天无云的 Landsat 8 OLI 影像（表 6.3），提取地表温度（LST），并进一步计算夏季城市热岛强度（UHI）。基于 Landsat 图像计算的 NDVI 图层和热红外传感器（TIR）的光谱辐射亮度，反演地表温度。使用红色波段（Red）和近红外波段（NIR）计算 NDVI：

$$\mathrm{NDVI}=(\mathrm{NIR}-\mathrm{Red})/(\mathrm{NIR}+\mathrm{Red}) \tag{6.1}$$

基于 NDVI 值计算地表反射率（ε）：

$$\varepsilon=\begin{cases}0.9925, & \mathrm{NDVI}<0\\ 0.923, & 0\leqslant \mathrm{NDVI}<0.15\\ 1.0094+0.047\ln(\mathrm{NDVI}), & 0.15\leqslant \mathrm{NDVI}\leqslant 0.727\\ 0.986, & 0.727\leqslant \mathrm{NDVI}\end{cases} \tag{6.2}$$

采用 TIR 光谱辐射亮度数据计算辐射亮温，并根据辐射亮温和地表反射率计算地表温度：

$$LST = T_{sensor} \Big/ \left[1 + \left(\lambda * \frac{T_{sensor}}{\alpha} \right) \ln(\varepsilon) \right] \tag{6.3}$$

其中：LST 以开氏温度（K）为单位；T_{sensor} 是辐射亮温，单位为 K；λ 是波长，单位为 m；$\alpha = 1.438 \times 10^{2}$MK。

计算城市地区与农村地区的 LST 温差，得到城市内部的热岛强度。采用 500m×500m 移动窗口，计算 2019 年建成区比例（PBA）。当 PBA 低于 5% 时，定义为农村地区。在计算时，排除山体和丘陵区域，减少海拔高度产生的影响。采用 ArcGIS 分区统计，计算每个街区内城市热岛强度均值。

6.2.2.3 模型构建

采用多元线性回归模型（OLS）、空间回归模型和随机森林模型（RF），量化城市形态和地形因素对城市热岛强度的影响[284,294,309]。考虑空间非平稳性的影响[311]，采用空间误差模型（SEM）和空间滞后模型（SLM）等空间回归模型，探讨驱动因子与城市热岛强度之间的空间非平稳性、不同街区之间地表温度的空间自相关。采用随机森林回归模型，揭示自变量对城市热岛的贡献度，对成渝结果进行比较[308]。为寻找合适的模型，基于 R 统计软件（www. rproject. org/）和 python 软件（www. python. org/），构建模型，步骤如下：①选择自变量；②采用线性回归模型，验证回归结果是否符合预期；③基于 Moran's I 指数，判断线性回归模型残差是否具有显著的空间自相关，检验 OLS 的空间非平稳性；④若存在空间非平稳性，则引入空间回归模型；⑤基于拉格朗日乘数（LM）检验和稳健 LM 检验，评价空间回归模型精度；⑥利用随机森林回归模型，探讨自变量对城市热岛的贡献度。

采用线性回归模型，分析自变量和城市热岛强度之间的关系。线性回归模型公式如下：

$$UHI = \alpha + \beta X + \varepsilon \tag{6.4}$$

其中，UHI 是城市热岛强度，α 是常数，β 是回归系数，ε 是随机误差。计算自变量的方差膨胀因子（VIFs），检验是否存在多重共线性。

计算全局 Moran's I 指数，分析统计显著性，检验城市热岛强度的空间自相关性。若 Moran's I 指数显著，则需要引入空间回归模型。采用空间滞后模型和空间误差模型，解决空间自相关问题。空间滞后模型如下：

$$UHI = \rho W_{UHI} + \beta X + \varepsilon, \varepsilon \sim (0, \delta^{2} I_{n}) \tag{6.5}$$

式中，UHI 是因变量，ρ 是空间滞后因子，W_{UHI} 是空间权重矩阵，X 是自变量矩阵，β 是系数向量，ε 是随机误差。

空间误差模型如下：

$$\mathrm{UHI}=\beta X+\lambda W_{\mu}+\varepsilon,\varepsilon\sim(0,\delta^{2}I_{n}) \tag{6.6}$$

式中，λ 是空间误差因子，W_{μ} 是空间权重矩阵，δ 是随机误差。

计算空间回归模型的 LM 和稳健 LM 值，筛选合适的空间回归模型。比较空间滞后模型和空间误差模型的 LM 和稳健 LM 值，选择拟合优度更高的模型开展进一步分析。

6.3 结果分析

6.3.1 城市形态要素分布

从城市建成区和形态要素的空间格局来看，成都和重庆的城市形态相差较大。首先，成都处于单中心向多中心转型的阶段，而重庆呈现出典型的多中心城市形态（图 6.2）。成都建筑密度、道路密度和人口密度等城市要素的高值区域主要聚集在三环以内，形成大规模的连续分布区域，这表明成都的主中心在城市体系中起主导作用。城市要素密度的次高区域包括新都、郫都、温江、双流、天府、龙泉驿等外围卫星城镇，仍依赖主中心提供的功能和服务。相比而言，重庆的主中心规模较小、形态紧凑，主要分布在长江和嘉陵江交汇的渝中半岛区域。内环以外的观音桥、沙坪坝、大杨石、南坪等城市副中心，在空间上邻近主中心，出现城市要素的高值聚集区域。这些副中心受山脉和江河切割，在空间上相对分散，大多布局在河谷和坡顶上。西永、茶园两个外围副中心，跳出中梁山和铜锣山之间的狭窄区域，向外围呈跳跃式发展，形成城市要素聚集区。因此，重庆比成都拥有更为均衡的中心/组团形态。

其次，成都的城市扩展呈现摊大饼式和放射状发展，而重庆则呈多中心和分散化发展（图 6.3）。成都的老城区主要集中在三环以内，新开发区域从三环向四环呈环状扩展，沿放射状道路向外围区域呈线性扩展。近年来，新兴城市化区域主要分布在四环以外的新都、温江、双流、龙泉驿等外围城区，尤其是天府新区。相比之下，重庆的老城区局限在内环以内的南北狭长区域，由解放碑主中心和观音桥、沙坪坝、大杨石、南坪等多个副中心组成。新开发区域不断沿城市发

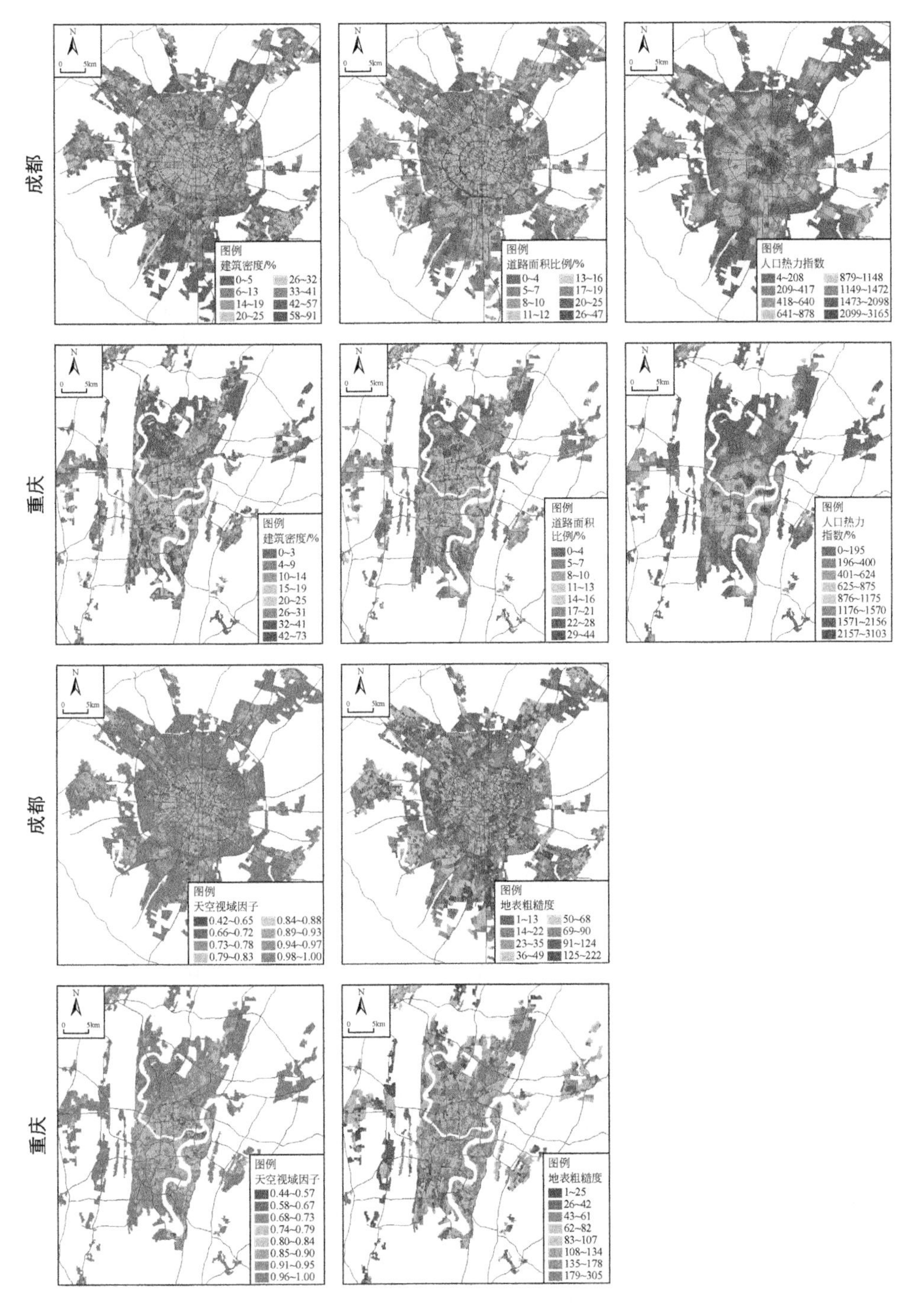

图 6.2　城市形态和地形指标的空间分布

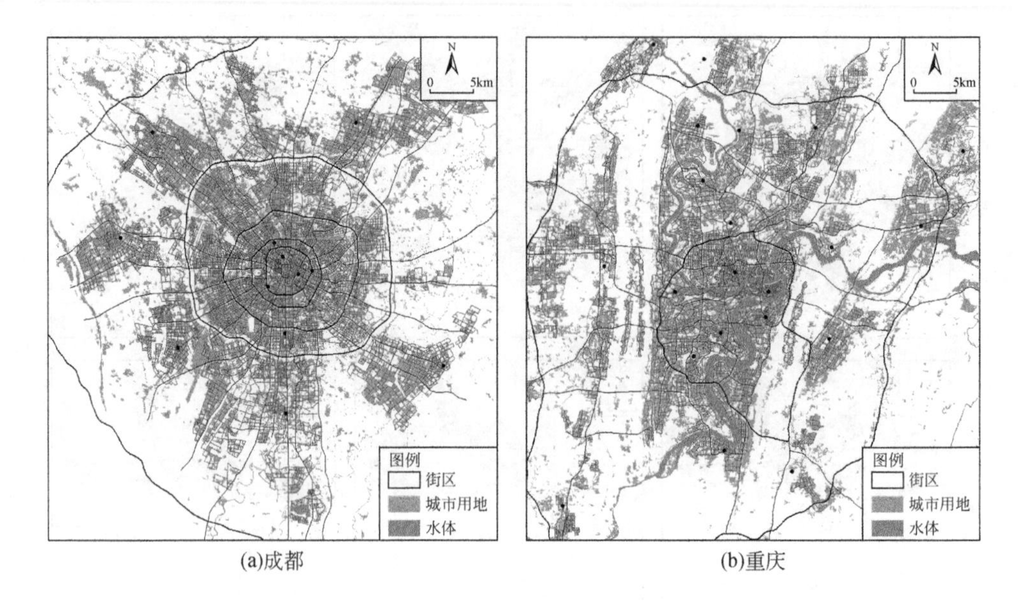

(a)成都 (b)重庆

图 6.3 基于 2019 年 Landsat 影像的城市建成区解译结果

展轴线向南北方向扩张，近年来跳出两山限制向西和向东发展，形成西永、茶园两个外围副中心。城市向两江新区扩展趋势明显，形成了水土、蔡家、礼嘉、鱼嘴等多个城市组团。因此，重庆的多中心结构相对成形，是山水格局下的自然选择，也是历轮城市总体规划不断强化的结果。

6.3.2 城市热岛强度分布

结果显示，成渝的城市热岛强度具有不同的空间格局（图 6.4）。①成都比重庆的平均城市热岛强度更高。自然间断法的分类统计结果显示，成都和重庆城市热岛强度的高值区间（大于 8℃）街区比例分别为 22.3% 和 10.6%；城市热岛强度的中等区域（5 ~ 8℃）街区比例分别为 43.9% 和 33.6%。成都三环以内的主中心的城市热岛强度均值为 6.9℃，重庆内环以内的主中心则为 4.8℃。相比之下，成都三环与四环之间的近郊区城市热岛强度均值为 6.5℃，重庆内外环之间的均值为 5.2℃。②成都城市热岛强度的高值区域集中分布在主中心，而重庆的高值区域则呈簇团式分布，这与成都的连片式建成区和重庆的分散式建成区有关。③成都城市热岛强度的高值区域向郊区扩散，尤其是郫都、温江、双流、龙泉驿等外围开发区和工业园区。相比之下，重庆城市热岛强度的高值区域出现城市边缘的空港和鱼嘴等工业组团，这与大规模的工业郊区转移有关。重庆两江新区比成都天府新区的城市热岛强度更高，其原因可能是两江新区开发相对较早，且以工业发展为主。

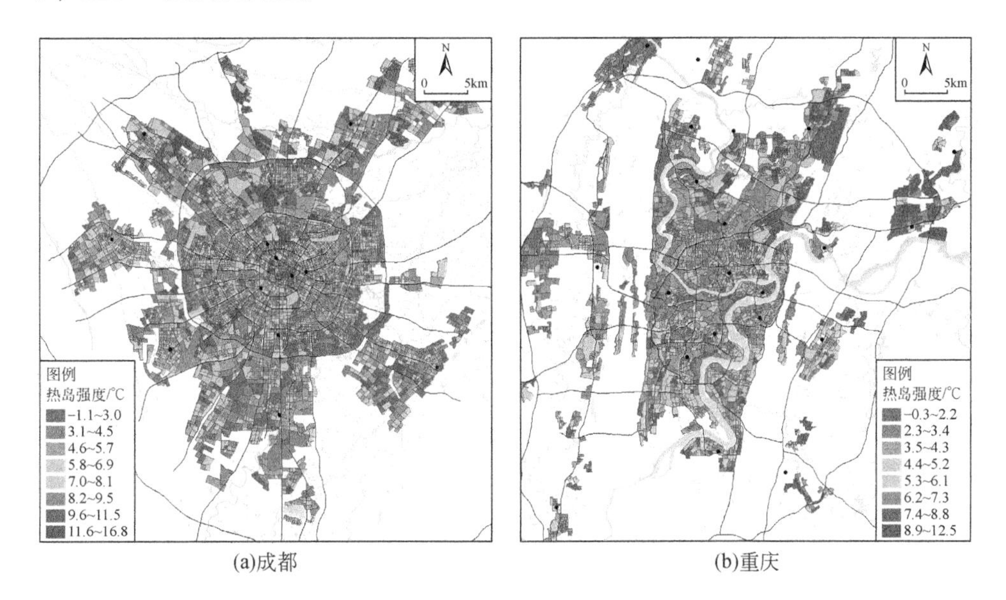

图 6.4 热岛强度空间分布

6.3.3 回归模型结果

模型结果表明，成都和重庆线性回归模型的 R^2 值分别为 0.641 和 0.674（表 6.5）。所有变量的 VIF 值都小于 10，通过共线性检验。对城市热岛强度的空间自相关分析表明，成都和重庆的 Moran's I 指数分别为 0.556 和 0.608。因此，城市热岛具有高度显著的空间自相关性，不宜采用线性回归模型，可引入空间滞后模型和空间误差模型，以应对空间非平稳性。根据 LM 值和稳健 LM 值检验，筛选合适的空间回归模型。结果发现，空间误差模型比空间滞后模型具有更高的 LM 和稳健 LM 值，模型拟合度和解释力更好。最终选择空间误差模型结果，分析各个自变量对城市热岛强度的影响。

6.3.3.1 空间误差模型结果

表 6.5 中 SEM 模型结果显示，成都和重庆的建筑密度（BD）、天空视域因

子（GSVF）、工业用地比例（PIA）和不透水面比例（PIS）的回归系数显著为正，这表明密集的建筑、大范围的不透水面和高密度的工业用地增强了城市热岛强度。增强植被指数（EVI）对城市热岛有明显的减缓作用，这表明在炎热的夏季，植被蒸腾作用能降低密集建成环境的地表温度。SEM 模型表明，在不同地形条件和城市形态影响下，成都和重庆的道路面积比例（RSD）和人口热力指数（PHI）的相关性具有显著差异。成都的道路面积比例和人口热力指数对城市热岛具有显著的正向影响，重庆这两个指标对城市热岛则有相反的影响。成都主中心规模较大且集中连片，导致人口分布集中和交通活动聚集，可能会增加夏季人为热排放并加剧城市热岛。重庆具有多个规模较小且分布均衡的副中心，有效疏散了人口和交通，可能会缓解人为热排放。SEM 结果还表明，成都和重庆的城市地表粗糙度（USR）和水体比例（PW）的显著性有所不同。成都的地表粗糙度和水体比例减缓了其城市热岛强度（1% 置信水平）。而重庆的地表粗糙度对城市热岛减缓效应较弱（5% 置信水平），水体比例则无显著影响。上述差异表明，成都和重庆不同的城市形态和地形因素会显著影响城市热岛强度。

表 6.5 线性回归模型、空间误差模型、空间滞后模型的结果

变量	成都			重庆		
	MLR	SEM	SLM	MLR	SEM	SLM
常量	0.1401	3.2073 ***	-0.4230	4.1232 ***	3.5814 ***	1.2550 ***
BD	0.0526 ***	0.0422 ***	0.0327 ***	0.0200 ***	0.0306 ***	0.0243 ***
RSD	0.0188 ***	0.0202 ***	0.0155 ***	-0.0102 **	-0.0070 *	-0.0039
PHI	0.0003 ***	0.0003 ***	-0.0002 ***	-0.0004 ***	-0.0003 ***	-0.0002 ***
GSVF	8.4698 ***	6.0581 ***	5.5226 *	5.5644 ***	5.5343 ***	4.4503 ***
USR	-0.0068 ***	-0.0027 ***	-0.0041 ***	0.0007	-0.0011 **	0.0000
PIA	0.0044 ***	0.0054 ***	0.0012 ***	0.0146 ***	0.0096 **	0.0074 ***
PIS	0.0217 ***	0.0116 ***	0.0134 ***	0.0074 ***	0.0029 ***	0.0047 ***
EVI	-10.7775 ***	-11.4456 ***	-9.0408 ***	-14.5609 ***	-12.0116 ***	-10.4968 ***
PW	-0.0857 ***	-0.0669 ***	-0.0717 ***	-0.0496 ***	-0.0552	-0.0469
λ		0.8299 ***			0.7986 ***	
W_{UHI}			0.5801 ***			0.5352 ***
n	7193	7193	7193	3535	3535	3535
R^2	0.641	0.853	0.796	0.674	0.867	0.822
LL	-12819.5	-10195.07	-11014.9	-5283.43	-4082.061	-4397.54

续表

变量	成都			重庆		
	MLR	SEM	SLM	MLR	SEM	SLM
AIC	25659.1	20410.1	22051.7	10586.9	8184.12	8817.09

* 表示 10% 显著性水平；** 表示 5% 显著性水平；*** 表示 1% 显著性水平；LL 是 Log 似然值，AIC 是 Akaike 信息准则

6.3.3.2 自变量对城市热岛的贡献度

随机森林回归结果表明，成都和重庆的自变量对城市热岛强度贡献具有相似性和差异性（图 6.5）。在成都和重庆，建筑密度（BD）对城市热岛强度的贡献度分别为 14.4% 和 4.9%，而道路面积比例（RSD）和人口热力指数（PHI）对城市热岛的贡献度相似。成都的天空视域因子（GSVF）对城市热岛强度的贡献（8.0%）小于重庆（14.8%），而成都的地表粗糙度（USR）对城市热岛强度的贡献度（7.1%）大于重庆（3.9%）。成都和重庆的增强植被指数（EVI）分别解释了城市热岛强度方差的 38.1% 和 44.4%，是影响城市热岛的主导因素。水体比例（PW）对城市热岛强度的影响最小，分别解释了成都和重庆 3.1% 和 0.8% 的城市热岛方差。尽管两个城市自然覆盖对城市热岛的贡献度相似，但工业用地比例（PIA）和不透水面比例（PIS）对城市热岛强度的贡献度明显不同。成都不透水面比例的贡献度位列第二，解释了 16.1% 的城市热岛强度方差，而工业用地比例只解释了 3.4% 的城市热岛方差。重庆这两个指标的结果与成都正好相反。重庆工业用地比例贡献度位列第二，解释了 15.8% 的城市热岛强度方差，

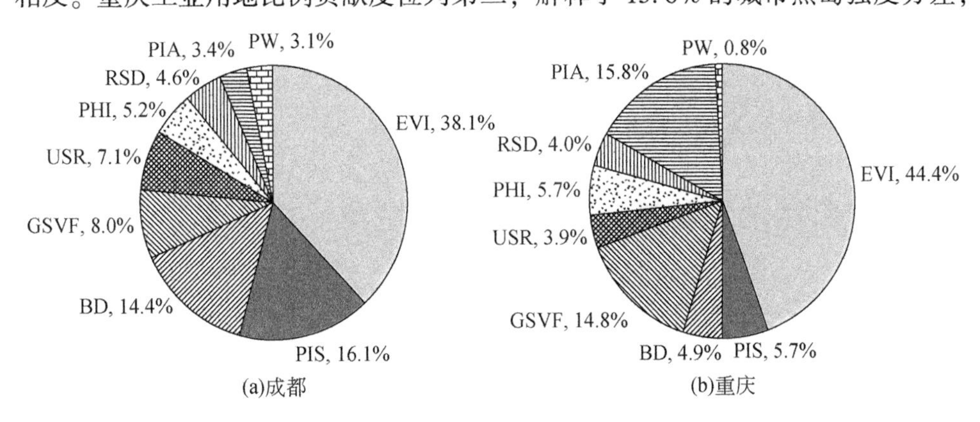

图 6.5 基于随机森林模型的自变量对城市热岛强度的贡献度

而不透水面比例仅解释了5.7%的城市热岛强度方差。

6.4 讨 论

本节讨论了地形对城市形态的影响，以及其对城市热岛强度的影响。基于上述分析结果，提出相应的政策建议，并讨论研究贡献和不足。

6.4.1 自然地形对城市形态的影响

本研究强调不同地形对城市形态的不同影响。首先，平原城市大多从单中心向多中心转变，而山地城市在自然地形下长期坚持多中心形态。从图6.2的建成区分布和图6.3的城市要素分布来看，成都仍以单中心形态为主[45,182]。为解决单中心发展带来的交通拥堵和人口过于集中的问题，成都城市发展强调分散化和郊区化，但实际上主中心吸引力较强，外围卫星城镇仍相对薄弱[312,313]。相比之下，重庆在自然隔离、地形起伏、空间受限、环境敏感和交通不便等多重约束下，主动选择了多中心形态，并在历轮规划中予以强化[21]。重庆的山脉和河流是塑造多中心格局的自然基础，有效地隔离了主中心与邻近的城市建成区[126]。

其次，成都城市发展的特点是“大集中、小分散”，而重庆城市发展的特点则是“大分散、小集中”。成都三环以内的主中心相对较强，四环以外有不同的区域次中心，总体上以“单中心、卫星城”发展模式为主[183]。成都的建筑、通勤、人口等城市要素高度聚集在主中心及其邻近的圈层地带。与之形成鲜明对比，重庆的多个副中心规模较大、邻近主中心布局，形成了相对均衡和较为成熟的“多中心、组团式”格局。重庆的城市要素在空间上呈现总体分散格局，但城市组团内部则呈现局部聚集[47]。

6.4.2 自然地形和城市形态要素对城市热岛的影响

在自然地形上形成的不同城市形态，也导致城市热岛呈现出显著的空间异质性（图6.4、图6.5）。已有研究表明，植被指数（EVI）和水体比例（WP）等自然要素对城市热岛强度有减缓作用[255,294,314]。值得注意的是，由于水体布局的差异，水体比例显著影响了成都的城市热岛强度，但其对重庆的影响并不显著。其原因是在构建分析单元时，排除了重庆的长江和嘉陵江等面积较大的水域，仅保留了研究区的小型水库、坑塘、溪沟；成都的府河、南河等河流宽度相对较小，未加以排除，因此保留了较多的人工河流和水库，导致水资源比例相对较高，对城市热岛的降温效应较为明显。

工业用地比例（PIA）、建筑密度（BD）、天空视域因子（GSVF）、不透水面比例（PIS）对城市热岛强度具有正向影响，但贡献度有所不同。成都的城市热岛较多受不透水面比例和建筑密度等建成环境变量影响，而重庆是更多受到工业用地比例和天空视域因子的影响，其累积贡献度在30%以上（图6.5）。造成上述差异的可能原因在于：第一，平坦地形上的城市开发成本远低于起伏地形，导致成都的不透水面比例和建筑密度要高于重庆。已有研究显示，较高的不透水面比例会加剧城市热岛[298-301]，这一点在成都的案例中得到证实。第二，成都和重庆不同的建筑形态对城市热岛有不同影响。成都具有供应充足的可开发区域，主中心聚集了大量建筑，建筑密度相对较高、建筑高度相对较低。这说明成都主中心的建筑形态可能加剧城市热岛效应[284,294,315-318]。相比之下，重庆的用地开发空间极为有限，多个主/副中心分布了较为密集的高层建筑，形成了总体分散和局部聚集的组团式格局。建筑高度相对较高，地形起伏较大，从而有效遮挡了太阳辐射，产生了大面积的建筑和山体阴影[284,294,309]。上述原因解释了成都城市热岛的主要贡献因子是建筑密度，而重庆是天空视域因子。第三，工业格局的差异也导致了成都和重庆的城市热岛差异。重庆是全国著名的重工业基地之一，机械、化工、冶金等重工业构成了其支柱产业，尤其是汽车、摩托车、钢铁、铝业等重工业比例较高。相比之下，成都以电子、医药、食品等轻工业为主导产业。因此，重庆高能耗重工业对城市热岛的贡献要大于成都[274]。

值得注意的是，成都和重庆人口热力指数（PHI）和道路面积比例（RSD）对城市热岛的贡献度接近，但作用方向完全相反。人口分布通过人类活动对城市热岛强度产生深刻影响。由于成都的不透水面比例和建筑密度的空间分布相似，人口热力指数对成都城市热岛的促进作用，可能受到不透水面比例和建筑密度的协同影响。与此相反，重庆的人口热力指数与天空视域因子、工业用地比例的空间格局不同。因此，人口分布对城市热岛有负向影响。图6.2和图6.4显示，重庆外围的城市热岛强度较高，与人口分布聚集在多个主/副中心明显不同。道路网对城市热岛有双重影响：①道路由沥青和混凝土等不透水材料所覆盖，具有较高的热量吸收率和高导热性；②道路上的车辆行驶释放大量的交通热。因此，成都的道路面积比例会加剧城市热岛效应，符合理论预期。然而，重庆出现了不符合预期的负向作用，可能有多重原因：①重庆中心路网密度较高，但道路大多被高层建筑、高大山体和茂密植被所遮蔽，太阳辐射吸收率较低。②鱼嘴、空港、悦来等外围工业园区的道路密度较低，但工业热排放量较高，加剧了城市热岛。上述因素导致路网密度和城市热岛分布在空间上并不一致。综上，不同自然地形和城市形态要素对成渝城市热岛的影响具有空间异质性、作用机理复杂。

6.4.3 政策建议

本研究发现可为城市决策者和规划人员提供政策参考，以优化城市形态、缓解城市热岛。相关建议如下：①平原城市可将部分产业和人口持续迁出主中心，并在新兴区域适度增加基础设施供给。研究结果表明，成都为缓解主中心过于拥挤的问题，不断向外搬迁工业企业，能减轻主中心的热环境压力[307]。然而，新兴外围城镇出现了不同程度的城市热岛强度上升。例如，郫都、龙泉驿等工业型区域，城市热岛强度上升较快，需要加强工业热减排措施，以缓解城市热岛效应。成都天府新区开发率相对较低、空间相对开阔，尚未形成较高的城市热岛强度。该区域的空置率相对较高，说明存在职住不匹配问题，这与城市基础设施供给相对滞后、城市居民往返式通勤距离较长有关。因此，减少居民通勤发生率和降低能源消耗，可缓解该区域城市热岛效应。在给定的容积率下，平原城市的新兴区域，可适当降低建筑密度、增加建筑高度，以缓解城市热岛强度。②山地城市可适度控制城市开发规模，保证充足数量的绿色空间。重庆的主中心及传统副中心可供开发用地极为有限，建筑高度密集，植被覆盖率相对较低。在大规模的城市更新过程中，需要适当增加植被覆盖和天空开阔度，从而降低地表温度。重庆两江新区是正在大力发展的国家级新区，具有相当规模的可供开发用地，因此，可适度控制建设体量，保证充足的绿色空间供应[256,319]。在鱼嘴、空港等工业园区，工业结构以制造业为主，导致城市热岛强度非常高，有必要采取相关措施，降低工业热排放。

6.4.4 研究贡献和不足

研究贡献包括：①揭示快速城市化背景下，平原和山地地形下的城市形态特征差异；②阐明主流研究中较少关注的不同城市形态对城市热岛强度的影响。研究着重分析自然地形和城市形态要素对城市热岛的影响差异，推动相关领域走向深入。具体贡献如下：①提出基于多源数据和多学科方法的分析框架，用于分析城市形态及其对城市热岛的影响，可广泛应用于今后的同类研究。本研究采用空间大数据，包括三维建筑模型和社交媒体签到数据，可提高城市形态要素刻画的准确性和分辨率。②研究发现，有必要考虑城市热岛强度的空间自相关性，多元空间回归模型要优于线性回归模型[284,294,315-318]。因此，空间回归模型适宜探索相关因子对城市热岛的复杂影响，随机森林模型适宜分析相关因子对城市热岛强度的贡献程度[308]。③研究认为，单中心主导的形态是平原城市的主流选择，多中心形态是山地城市的被动适应和自然选择。成都由一个强大的主中心和多个高度依附于主中心的卫星城组成，形成“众星拱月”的空间格局；重庆主/副中心规模较为接近、空间分布相对均衡，分散在谷底和坡顶上，呈现出“大分散、小集中”的总体特征。④区分不同类型城市的自然地形和城市形态对城市热岛的影响。成都城市热岛高值区域聚集于主中心和分散在周边的工业园区，重庆的高值区域则相对均衡地分布在多个城市中心/组团。研究结果表明，不同建筑形态和自然条件对城市热岛的影响存在显著差异。

本研究也有其局限性：①由于城市的流空间数据较难获取，本研究主要关注形态多中心，而非功能多中心。例如，城市不同中心之间的通勤模式可能有所差异，从而影响交通热排放，导致城市热岛的显著差异，但本研究并未关注上述问题。②在复杂山地环境下，获取无云 Landsat 影像较为困难，因此，本研究仅关注了夏季城市热岛，未涉及冬、秋季节的城市热岛分析。③由于难以获取多个历史时期的城市形态要素，尤其是缺乏高精度的建筑分布和人口分布历史数据，本研究仅针对特定年份进行两个城市比较研究，并未进行长时间序列的城市形态分析。因此，未来研究可考虑城市形态的长期演变和城市热岛的相应变化。

6.5 本章结论

本章以成渝为比较案例，揭示平原/山地的不同自然地形和不同城市形态对城市热岛的影响。结果表明，在不同自然地形下，成都形成单中心为主导、向多中心过渡的城市形态，重庆形成以多中心为主导的城市形态。成都的城市热岛强度均值高于重庆，但两地的城市热岛峰值分散在外围工业园区中。成都的城市热岛高值区域主要聚集于主中心，与重庆的多中心和组团式分布形成鲜明对比。空间误差模型和随机森林回归表明，自变量对城市热岛的作用方向和贡献程度随城市而不同。植被和水体等自然覆盖因子对成渝城市热岛的作用方向和贡献程度相似。不透水面比例和建筑密度对成都的城市热岛影响较大，而天空视域因子和工业用地比例对重庆的城市热岛贡献较大。上述差异主要是受不同自然地形和工业布局的影响。成渝的人口分布和道路密度对城市热岛的作用方向相反，对城市热岛的贡献程度小于天空视域因子和工业用地比例。针对不同类型的城市，本章提出有针对性的城市热岛减缓策略，为城市规划应对城市热岛的长期挑战提供可行思路。

合作作者：华东师范大学刘学博士、重庆大学明雨佳博士研究生、浙江大学岳文泽教授、重庆大学韩贵锋教授

第7章 不同多中心形态下的人为热通量差异

人为热排放是指人类活动所产生的热量，包括建筑热排放、交通热排放、工业热排放以及人体新陈代谢热排放[320]。人为热排放会加剧城市热岛效应，影响城市局地微气候[321,322]，同时加剧城市雾霾和空气污染，威胁城市居民的身心健康[323,324]。随着城市化的不断推进，城市人口持续增加，能源消耗相应上升，加剧人为热排放问题[325]。据联合国估计，到2050年，全球城市人口在总人口中的比例将达到68.4%[326]。因此，迫切需要开展人为热排放及其驱动因素研究，从而为人为热排放控制、城市可持续发展提供政策参考。

人为热通量是指单位时间、单位面积上产生的人为热排放。已有研究分类估算建筑热排放[327,328]、交通热排放[117,320,329]、工业热排放[330,331]和人体代谢热排放[332]。相关研究包括街区、城市、跨区域等多个尺度[333-339]，其研究内容涉及人为热排放的估算及影响因素分析。一些研究发现，人口拥挤和建筑密集的老城区的人为热排放量显著高于农村区域[327,328]，对城市居民健康带来长期负面影响[321]。也有一些研究指出，通勤流量和通勤距离的增加，导致交通能源消耗增加，可能加剧人为热排放[320,329]。还有研究表明，工业活动会产生大量的工业热排放，导致工业区的温度明显高于周边区域[330,331]。

然而，以往的研究较少关注在不同城市形态下人为热排放的空间分布特征差异[340]。单中心形态由一个强大的主中心和几个附属的副中心构成，是“众星拱月”的城市空间结构[341]。多中心形态由规模接近、相对独立、空间均衡的多个主中心和副中心构成[14]。在单中心城市中，建筑、人口、就业主要聚集在核心城区，而多中心城市的上述城市要素则均衡分布在多个主/副中心[342]。单中心城市通常以主中心与外围郊区之间的往返式通勤为主，而多中心城市则由各中心/组团的内部通勤及不同中心/组团之间的外部交互通勤为主导[343,344]。不同的城市形态在很大程度上影响了能源消耗和人类活动的空间分布，进而影响人为热排放的格局[345,346]。单中心城市人类活动高度聚集在主中心，可能加剧主中心的人为热排放[347]。这类城市往往会发展新的副中心，以缓解主中心过于拥挤所带来的城市热环境问题[256,267,348]。然而，新兴副中心的开发，可能增加城市居民的通勤距离和通勤时间，从而增加交通热排放[256,271,277]。因此，探究不同城市形态下人为热排放的空间分布特征及其差异，可更好地理解城市形态对人为热排放的影响，为城市规划提供借鉴参考。本章侧重探究在不同城市形态下人为热排放的空间分布特征及其深层原因。

7.1 数据与方法

7.1.1 数据来源

为研究不同多中心形态下的人为热通量差异，本章采用以下数据：①从统计部门收集成都和重庆2020年的统计年鉴，获取研究区2019年的社会经济和人口统计数据（成都 http://cdstats. chengdu. gov. cn/;重庆 http://tjj. cq. gov. cn/）。统计年鉴提供了2019年的城市人口、汽车保有量、公共建筑和居住建筑、工业企业的能源消耗总量数据。②从当地城市规划部门收集三维建筑模型，获取建筑轮廓、占地面积、建筑高度、建筑楼层、建筑面积等基本信息。为简化分析，将城市建筑划分为公共建筑和居住建筑两类。③基于百度在线地图（https://map. baidu. com/），收集研究区的路网数据，包括高速公路、绕城高速、城市主干道、城市次干道等不同等级道路及其空间分布。根据城市主次干道矢量数据，提取由主干道围合而成的城市街区，作为后续的基本分析单元。根据划分结果，成都地形平坦，街区数量相对较多、面积相对较小，面积均值约为16hm^2；重庆地形起伏多变，街区面积相对较大，面积均值约为22hm^2。根据百度地图提供的实时拥堵地图，获取不同道路的交通拥堵指数。百度在线地图提供了研究区内每条道路的交通拥堵指数，反映畅通、轻度拥堵、中度拥堵、严重拥堵等不同类型的交通状况。收集2019年典型一周（包括工作日和周末）内、间隔1小时的交通拥堵指数。不考虑交通状况随季节变化的差异，粗略认为在典型周收集的数据，可以表征一年内的基本通勤状况[349]。④从企查查网站（https://www. qcc. com/）提供的我国工业企业信息查询服务，获取研究区的全样本工业企业数据。企查查记录了工业企业的名称、类别、经营状况、经营范围、所在地等基本信息。基于工业企业的所在地信息，采用百度在线地图的地理编码服务，获取各个工业企业的空间坐标信息，再将数据导入到ArcGIS的地理数据库，用于下一步分析。⑤基于腾讯公司提供的人口热力指数（https://heat.qq.com/），获取高时空分辨率的人口热力图。人口热力指数记录了不同时间内使用腾讯产品（如QQ、微信、在线地图、其他基于位置的服务）活跃社交媒体用户的登录和位置信息，具有用户数量大、覆盖范围广的优势，能够表征实时的人口动态分布[350]。本研究收集2019年典型一周内的人口热力数据进行分析。本研究不考虑人口活动随季节变化的差异，大致认为典型周的人口热力图能近似反映全年的人口密度分布情况[349]。人口热力指数的原始数据为空间采样点，采样间隔为25m，反映了用户密度信息。在ArcGIS中，汇总计算各个街区内的人口热力指数。⑥基于Google Earth Engine平台，获取2019年中分辨率成像光谱仪MOD11A2产品数据，反映了8天周期内的夜间地表温度（LST）（约为晚上10：30）。MODIS地表温度产品被大量用于城市热岛空间分布的估算[340,351]。以往研究表明，人为热排放与夜间的城市热岛有显著正相关关系[351]。本研究获取2019年46幅夜间无云的MODIS影像，以此推算不同街区内的年均地表温度。再将城市建成区比例低于5%的区域作为农村区域，计算每个城市街区与农村区域的平均地表温度差值，以此获取城市热岛强度数据。

7.1.2 研究方法

7.1.2.1 方法框架

人为热排放的估算方法主要包括源清单法、地表能量平衡法、建筑能量模型法[320,352-354]。其中，源清单法通过统计数据估算行政单元尺度上的人为热排放总量，再利用人口密度、夜间灯光等代理变量进行尺度下推和空间分解，从而得到网格单元尺度上的人为热排放。该方法操作简便，被广泛用于大规模、精细化的人为热排放估算[321,334,355,356]。地表能量平衡法关注净辐射、显热、潜热、土壤热等不同来源的能量守恒，以此估算人为热排放[357-359]。建筑能量模型法需要估算建筑物和大气之间的能量交换，并考虑空调等制冷设备的能量消耗[337,360]。总体上，地表能量平衡法和建筑模型法能提供较高时空分辨率的人为热排放格局，但在整个城市尺度上获取高精度估算参数，需要耗费大量的成本[307,327,361]。因此，本研究选择源清单法估算成都和重庆的人为热排放。源清单法精度取决于代理变量的准确性，但以往研究中采用的传统代理变量分辨率不高[362,363]，难以有效刻画城市内部人为热排放的空间异质性[274]。本研究拟采用更高分辨率的代理变量，对人为热排放进行高精度的空间分解，提高源清单法的准确性。

人为热排放通量分为建筑热排放、交通热排放、工业热排放、人体代谢热排放四个部分[362,363]（图 7.1）。从 2019 年统计年鉴获取社会经济数据，分不同来源估算人为热排放并进行汇总。通过多源空间数据，采用建筑三维模型、交通拥堵指数、工业企业分布数据、人口热力指数作为代理变量，将不同来源的人为热排放分解到更小尺度的城市街区内（被城市主干道围合、有建筑物分布的城市区域）。参照已有研究，为简化分析起见，本研究基于两个基本假设：①所有能源消耗全部转化为人为热排放；不考虑热量转化的滞后性、潜热和显热间的差异性[321,334,356]。②在进行空间尺度下推时，不考虑某一街区人为热排放对其邻近街区的空间影响。从中央商务区（CBD）到城市边缘每隔 1km 设置缓冲区，对人为热排放进行城乡梯度分析。通过 ArcGIS 的空间叠加分析，比较人为热排放和城市热岛的空间格局相似性和差异性。

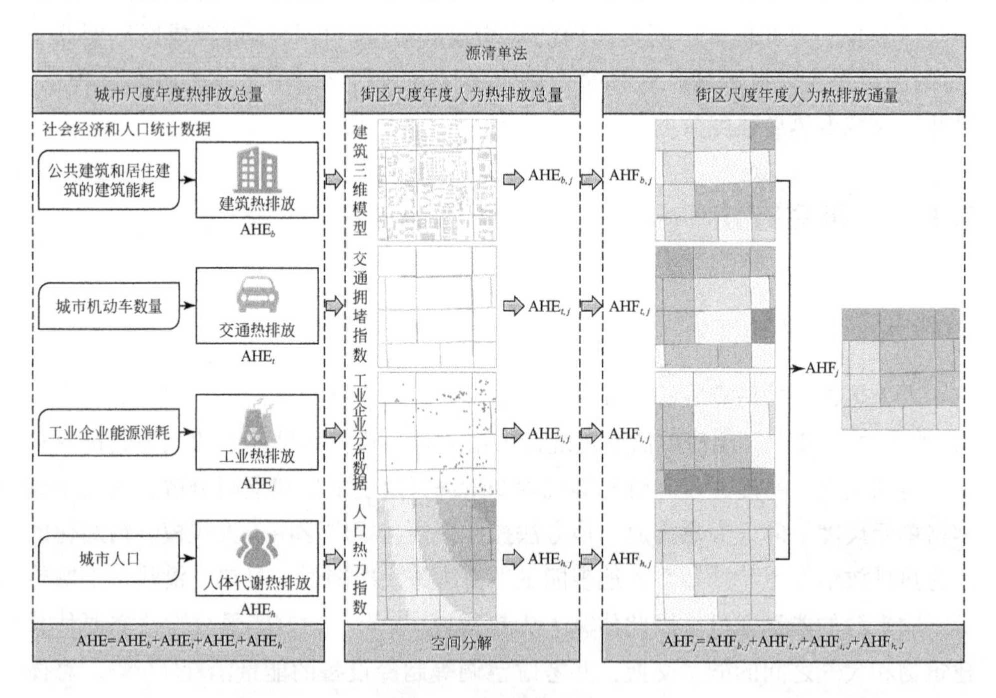

图 7.1　研究流程图

7.1.2.2　城市人为热排放总量估计

本章主要关注成都和重庆 2019 年人为热排放总量（AHE），计算公式如下：

$$AHE = AHE_b + AHE_t + AHE_i + AHE_h \tag{7.1}$$

式中，AHE_b、AHE_t、AHE_i和 AHE_h分别表示建筑热排放、交通热排放、工业热排放和人体代谢热排放，分别计算不同维度人为热。

建筑热排放 AHE_b计算公式如下：

$$AHE_b = (E_p + E_r) \times C \tag{7.2}$$

式中，E_p和 E_r分别为整个城市公共建筑和居住建筑的建筑能耗。建筑能耗由建筑物消耗的电力和热燃料（天然气、燃油）转换成标准煤总量（单位：t）。C 为标准煤的发热量，根据《中国能源统计年鉴》，赋值为 29307. 6kJ/kg[362,364,365]。

交通热排放 AHE_t计算公式如下：

$$AHE_t = N_t \times d \times FE \times NHC \times \rho \tag{7.3}$$

式中，N_t为车辆数量；d 为车辆年均行驶里程（2.5×10^4km）[362,364]；FE 是燃油效率，取值为 0. 109L/km[349]；NHC 是燃料的净热含量，取值为 45kJ/g；ρ 是燃料密度，取值为 0. 738kg/L[336,353]。

工业热排放 AHE_i计算公式如下：

$$AHE_i = \sum_{m=1}^{n} E_m \times C \tag{7.4}$$

式中，E_m为 m 类行业（如采矿、制造、供电行业）消耗的煤、油、气、电折算的标准煤总量；C 为标准煤的发热量[362,364,365]。

人体代谢热排放 AHE_h计算公式如下：

$$AHE_h = P \times (8 \times M_s + 16 \times M_a) \times 3600 \times 365 \tag{7.5}$$

式中，P 代表研究区域的城市人口；M_s和 M_a代表城市居民在晚上睡眠时间 22：00～6：00 的代谢率（70W）和白天活动时间 6：00 ～ 22：00 的代谢率（171W）[336,366]。

7. 1. 2. 3 建筑热排放

已有研究表明建筑体量与建筑热排放具有正相关关系，因而选择建筑面积作为建筑热排放空间分解的代理变量[328]。首先，根据不同街区的建筑体量，将整个城市不同类型的建筑热排放线性分解到各个街区[328]。然后，根据每个街区不同类型的建筑热排放，计算建筑热排放通量（$AHF_{b,j}$），公式如下：

$$AHF_{b,j} = \frac{\frac{S_{r,j}}{S_r} \times H_r + \frac{S_{p,j}}{S_p} \times H_p}{S_j \times t} = \frac{AHE_{b,j}}{S_j \times 3600 \times 24 \times 365} \tag{7.6}$$

式中，$S_{r,j}$和 $S_{p,j}$分别代表街区 j 的居住建筑和公共建筑的建筑体量；S_r和 S_p分别为整个城市居住建筑和公共建筑的建筑总体量；H_r和H_p分别为整个城市居住建筑和公共建筑的总建筑热排放；S_j为街区j的土地面积；t为一年中的总时间(秒)。

7.1.2.4 交通热排放

交通热排放与交通流量、交通密度等变量密切相关[320,349]。由于难以获得整个城市尺度上精确的交通流量数据，本研究采用道路长度和拥堵指数作为代理变量，表征交通流量和交通密度，进行交通热排放的空间分解。交通热排放估算的相关研究通常根据道路长度将交通热排放平均分配到所有道路上[362,364]。在真实世界中，车辆在道路上并非匀速行驶，上述方法在估算交通热排放时存在明显偏差。实际上，不同地段和等级的道路，拥有不同的交通流量，导致拥堵程度有所不同。以往的研究表明，交通拥堵指数与交通流量和交通密度呈线性的正相关关系，因此，交通拥堵指数可以作为交通流量和交通密度的代理变量[349,367]。本研究根据道路长度和拥堵指数，将整个城市的人为热排放线性分配到每条道路上[362,364]。再将每条道路的交通热排放统计到各个街区（图7.2)，其中街区周边道路的交通热排放平均分配到相邻的两个街区；街区内部道路的交通热排放则全部分配到本街区内。对周边道路和内部道路的交通热排放进行汇总，计算出各街区的交通热排放通量（$\mathrm{AHF}_{t,j}$)，计算公式如下：

$$
\begin{aligned}
\mathrm{AHF}_{t,j} &= \frac{\left(\sum L_{\mathrm{bnd},j} \times C_{\mathrm{bnd},j}/2 + \sum L_{\mathrm{inn},j} \times C_{\mathrm{inn},j}\right) \times \mathrm{AHE}_t / \sum L_k \times C_k}{S_j \times t} \\
&= \frac{\mathrm{AHE}_{t,j}}{S_j \times 3600 \times 24 \times 365}
\end{aligned}
\tag{7.7}
$$

式中，$L_{\mathrm{bnd},j}$和$L_{\mathrm{inn},j}$分别代表街区j周边道路和内部道路的长度；$C_{\mathrm{bnd},j}$和$C_{\mathrm{inn},j}$分别是街区j周边道路和内部道路的平均拥堵指数（具有四个等级：畅通、轻度拥堵、中度拥堵、严重拥堵)；L_k和C_k分别是城市道路k的长度和平均拥堵指数；S_j为街区j的土地面积；t为一年中的总时间（秒)。

7.1.2.5 工业热排放

区分不同类型的工业企业，将工业热排放分配给单个工业企业，再将街区内的工业企业热排放进行汇总计算。为简化分析，参照已有研究，本研究假设街区内工业企业产生的工业热排放主要影响本街区内部，不考虑对相邻街区的外在溢出效应[349]。再根据每个街区内不同类型工业热排放进行汇总，计算工业热排放

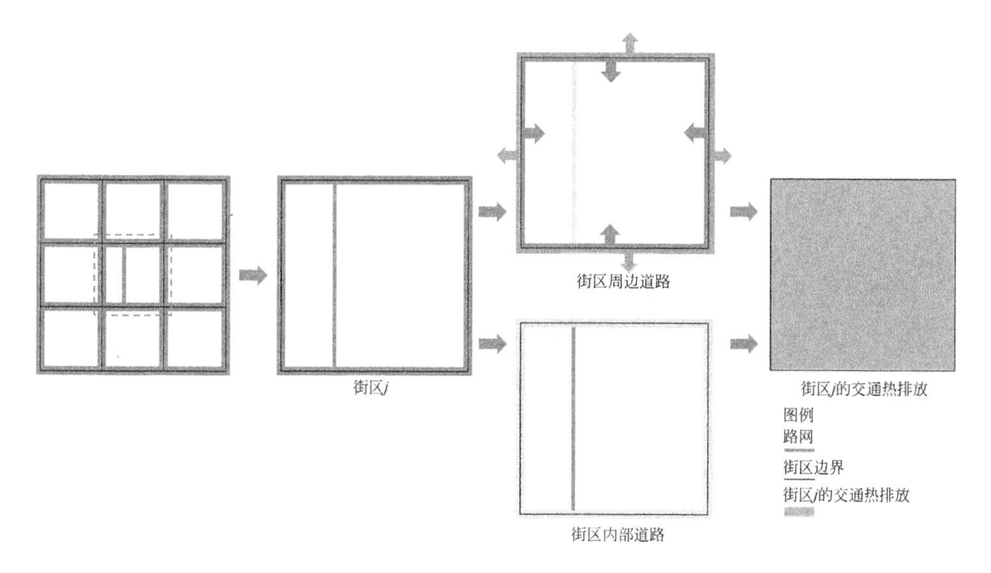

图 7.2　交通热排放空间分配示意图

通量（$AHF_{i,j}$），公式如下：

$$AHF_{i,j}=\frac{\sum_{m=1}^{n}\frac{m_j}{M}\times AHE_{i,m}}{S_j\times t}=\frac{AHE_{i,j}}{S_j\times 3600\times 24\times 365} \tag{7.8}$$

式中，n 为工业企业的类型数量；m_j和 M 分别为街区 j 的 m 类工业企业的数量、整个城市 m 类工业企业的数量；$AHE_{i,m}$为 m 类工业企业的工业热排放总量；S_j为街区 j 的土地面积；t 为一年中的总时间（秒）。

7.1.2.6　人体代谢热排放

人体代谢热排放与人口密度呈正向线性关系[332,368]。不同于以往研究中采用静态人口普查数据[364,369]，本研究将采用动态人口热力指数，对研究区域内人体代谢热排放进行线性空间分解。基于每个街区中的人体代谢热总量，计算人体代谢热排放通量（$AHF_{h,j}$），公式如下：

$$AHF_{h,j}=\frac{\frac{H_j}{H}\times AHE_h}{S_j\times t}=\frac{AHE_{h,j}}{S_j\times 3600\times 24\times 365} \tag{7.9}$$

式中，H_j代表街区 j 的人口热力指数；H 是所有街区的人口热力指数之和；S_j为街区 j 的土地面积；t 为一年中的总时间（秒）。

7.2 结果分析

7.2.1 城市人为热排放估算

如表 7.1 所示，成都和重庆 2019 年人为热排放中，建筑热排放贡献最大，其他依次是交通热排放、工业热排放和人体代谢热排放。建筑热排放和交通热排放总共贡献了成都 69.3% 和重庆 76.3% 的人为热排放，是主要人为热源。随着城市更新和产业升级，工业企业不断从城市主中心向外围郊区搬迁，导致研究区内的工业热排放贡献有所下降，占人为热排放的比重不超过 30%。人体代谢热排放的贡献度最低，仅占 7% 以下。此外，成都不同维度的人为热排放均高于重庆，其原因是成都比重庆的建成区规模和城市人口规模更大。

表 7.1 成都和重庆的人为热排放总量

热源	成都		重庆	
	总量/kJ	百分比/%	总量/kJ	百分比/%
建筑热	4.3×10^{14}	41.2	2.8×10^{14}	46.7
交通热	2.8×10^{14}	26.9	1.7×10^{14}	28.3
工业热	2.9×10^{14}	27.9	1.1×10^{14}	18.3
人体代谢热	0.4×10^{14}	3.9	0.4×10^{14}	6.7
总数	10.4×10^{14}	100	6.0×10^{14}	100

7.2.2 人为热排放通量的整体空间格局

整体上，成都人为热排放通量从主中心向外围郊区呈逐渐递减趋势，出现连续性、圈层式空间格局；重庆人为热排放通量的高值区域主要聚集在主/副中心，呈现相对均衡的组团式格局（图 7.3）。具体来说，成都人为热排放通量的高值区域大量聚集在城市主中心，郊区工业园有相对零散的热点区域；人为热排放通量的次高区域主要对应于三环与四环之间的街区以及四环以外的新都区、郫都区、温江区、双流区、天府新区、龙泉驿区等城郊区；除此之外，成都外围新兴开发区域的人为热排放通量普遍较低。相比之下，重庆人为热排放通量的高值区域大量聚集在内环以内，主要对应于解放碑主中心和观音桥、沙坪坝、大杨石、南坪四个邻近的副中心，分布相对均衡；内环外侧的人为热排放通量有明显降低，相对较高的区域主要是北碚、空港、茶园、西永、李家沱等城郊组团。

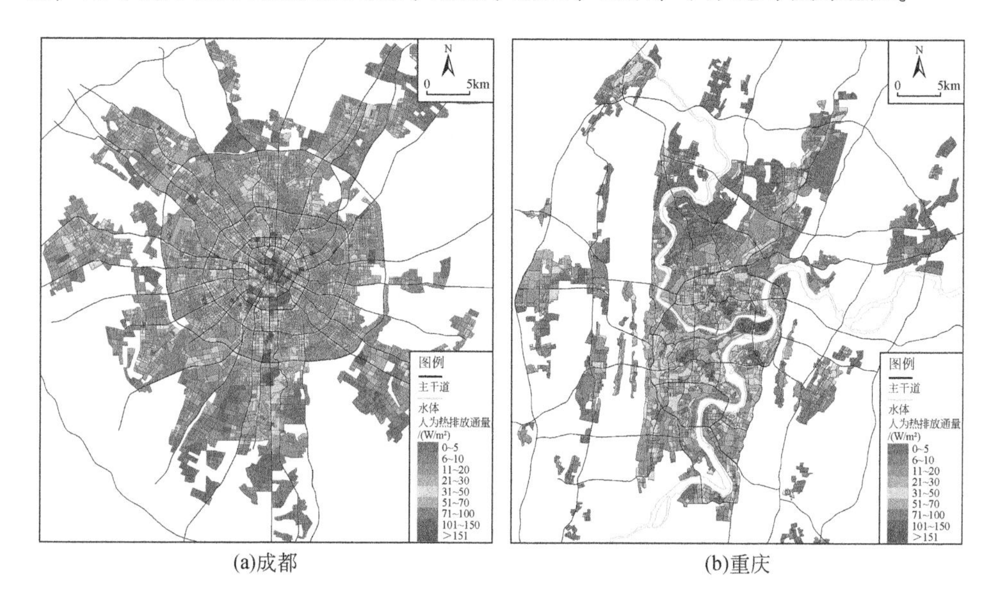

(a)成都 (b)重庆

图 7.3 成都和重庆年均人为热排放通量空间分布

图 7.4 的缓冲区分析和图 7.5 的分区统计分析结果显示，成都和重庆的人为热排放通量具有显著的空间差异性：①重庆中央商务区（CBD）10km 缓冲区内的人为热排放通量均值远高于成都。分区统计结果表明，重庆核心区（内环以内的区域）的人为热排放通量均值为 52W/m^2，而成都核心区（三环以内的区域）的均值仅为 31.61W/m^2。②成都郊区（三环以外）的人为热排放通量均值（25W/m^2）略高于重庆郊区（内环以外）（18W/m^2）。③成都高新技术开发区（距 CBD 13km）和重庆空港工业园区（距 CBD 20km）出现了较高的人为热排放通量。④成都工业区的人为热排放通量略高于重庆，而居住区的人为热排放通量则呈现相反趋势。由以上分析可以推测，山地城市建设空间极为有限，导致重庆核心区聚集了大量的建筑，增加了核心区的人为热排放通量。成都市郊大量的工业区带来较高的工业热排放，加剧了这一区域的人为热排放通量。

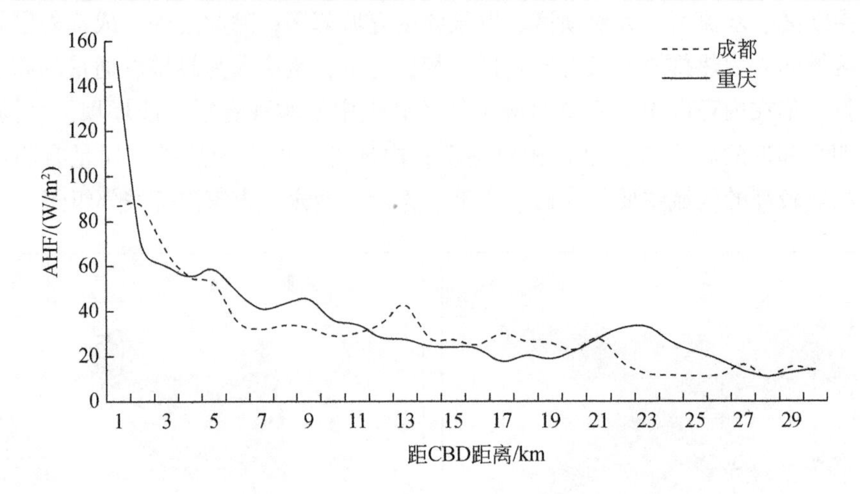

图 7.4　CBD 至外围 1km 缓冲区的人为热排放通量均值剖面

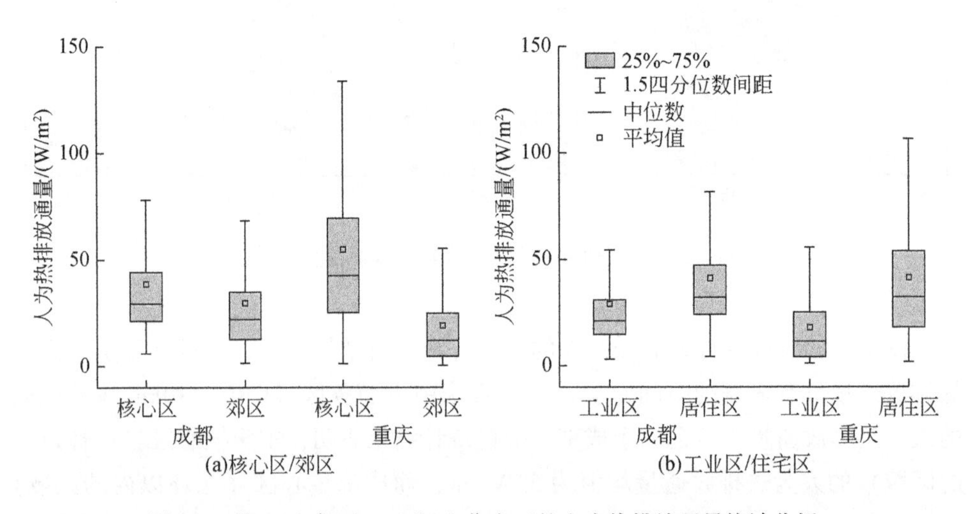

图 7.5　核心区/郊区、工业区/住宅区的人为热排放通量统计分析

对图 7.3 的年均人为热排放通量分布和图 7.6 的城市热岛分布进行比较分析，可以发现，人为热排放通量与城市热岛分布的整体空间格局相似，尤其是工业园区和核心区具有相似性。例如，成都城市热岛和人为热排放通量的高值区域在核心区呈连片分布。但是，在部分区域，人为热排放通量与城市热岛具有不同的空间特征。例如，成都和重庆人为热排放通量的高值区域比城市热岛的高值区域更加离散。尤其是，重庆渝中半岛主中心的人为热排放通量强度较高，但城市

热岛强度呈现中等水平。

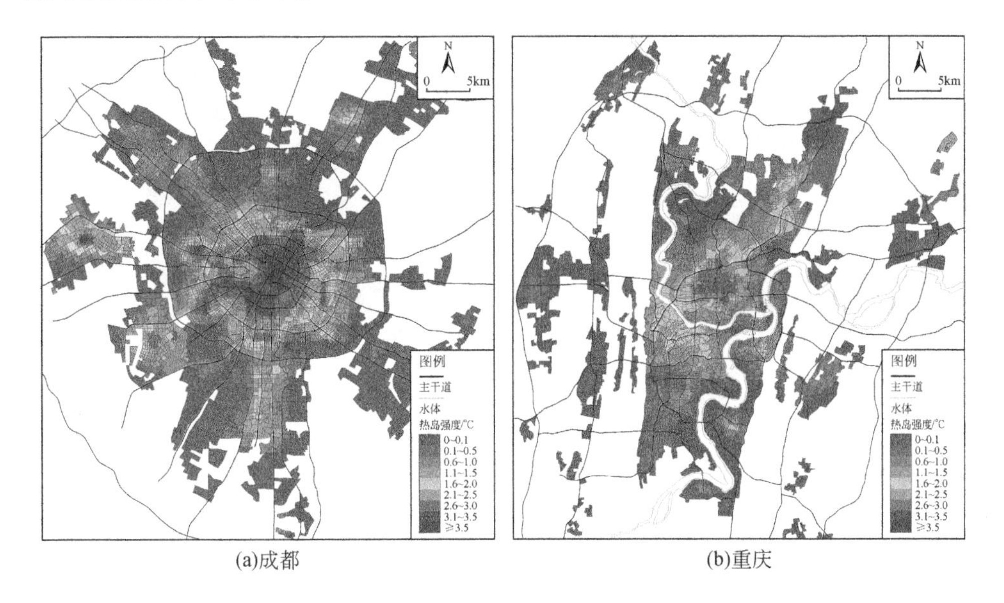

(a)成都　　(b)重庆

图 7.6　街区平均城市热岛强度的空间格局

7.2.3　不同来源人为热排放通量的空间格局

图 7.7 和图 7.8 分别显示成都和重庆的建筑热排放通量、交通热排放通量、工业热排放通量和人体代谢热排放通量的空间格局。四种不同来源的人为热具有显著空间分布差异：建筑热排放通量和人体代谢热排通量放主要在市中心呈集中连片分布，而交通热排放通量、工业热排放通量则与路网分布、工业园区分布相一致，在空间上相对分散。

第一，成都建筑热排放通量非常高的街区主要位于建筑密集的主中心和高楼林立的天府新区，形成沿城市南北主轴分布的两大热点区域。建筑热排放通量相对较高的街区分散在外围的卫星城镇。相比之下，重庆建筑热排放通量非常高的街区相对紧凑，呈现马赛克、镶嵌式分布。从规模和强度来看，重庆内环以内的主/副中心建筑热排放通量分布相对均衡，反映上述区域密集高层建筑的影响。内环以外郊区组团的建筑热排放通量相对较低，呈现高度分散的空间格局。

第二，成都交通热排放通量非常高的街区邻近环线、核心区与郊区的放射状路网分布，与路网格局相一致，呈现“圈层式、放射状”的空间特征。相比之

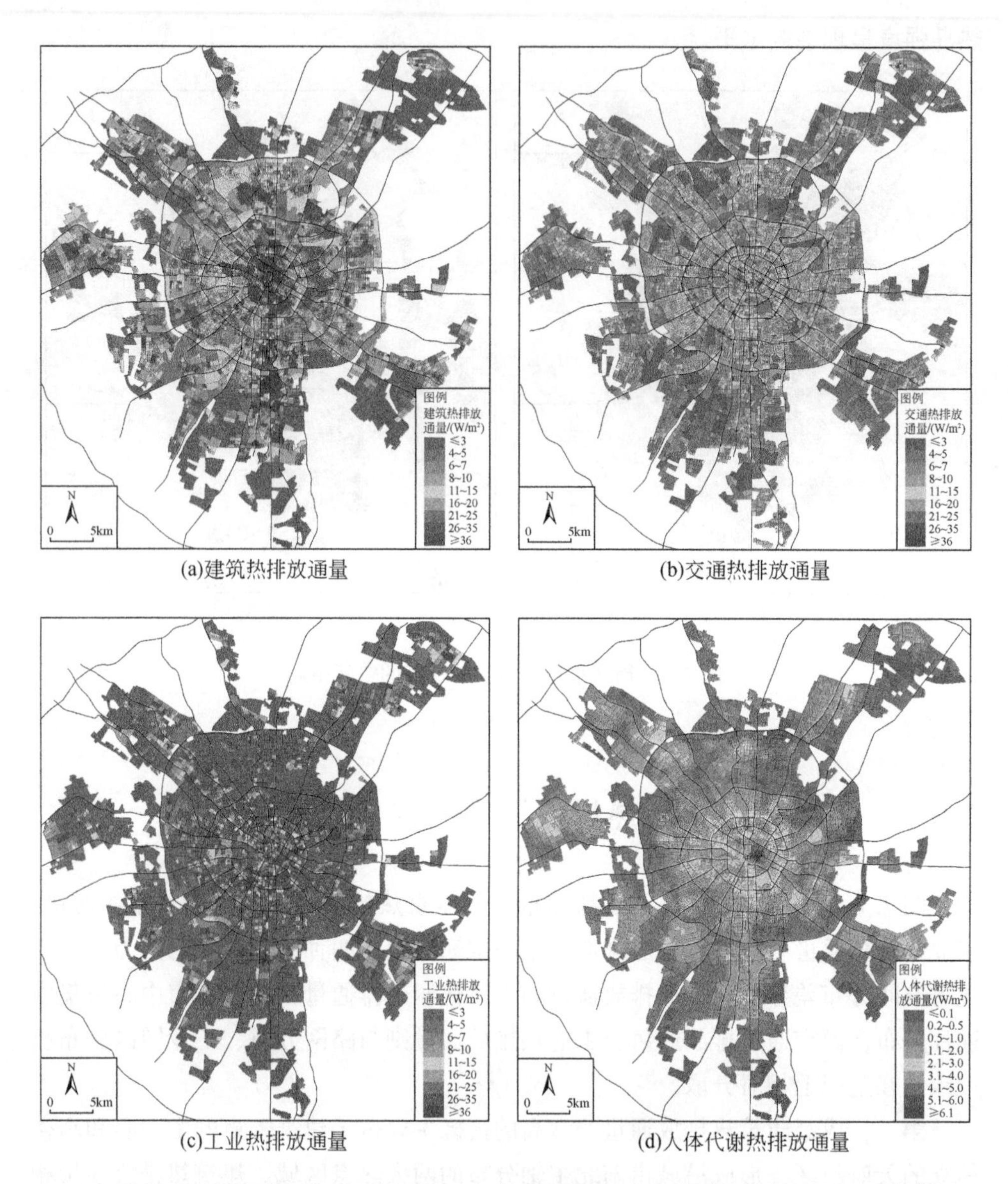

(a)建筑热排放通量　(b)交通热排放通量

(c)工业热排放通量　(d)人体代谢热排放通量

图 7.7　成都建筑、交通、工业和人体代谢等人为热排放通量均值的空间分布

注：为清晰呈现人体代谢热排放的空间异质性，这一指标采用的分级标准与其他人为热源有所不同。

下，重庆在地形起伏和山水格局的约束下，交通热排放通量非常高的街区主要分布在内环以内、连接主/副中心的主干道沿线，形成了“簇团式、不规则”的空间格局。

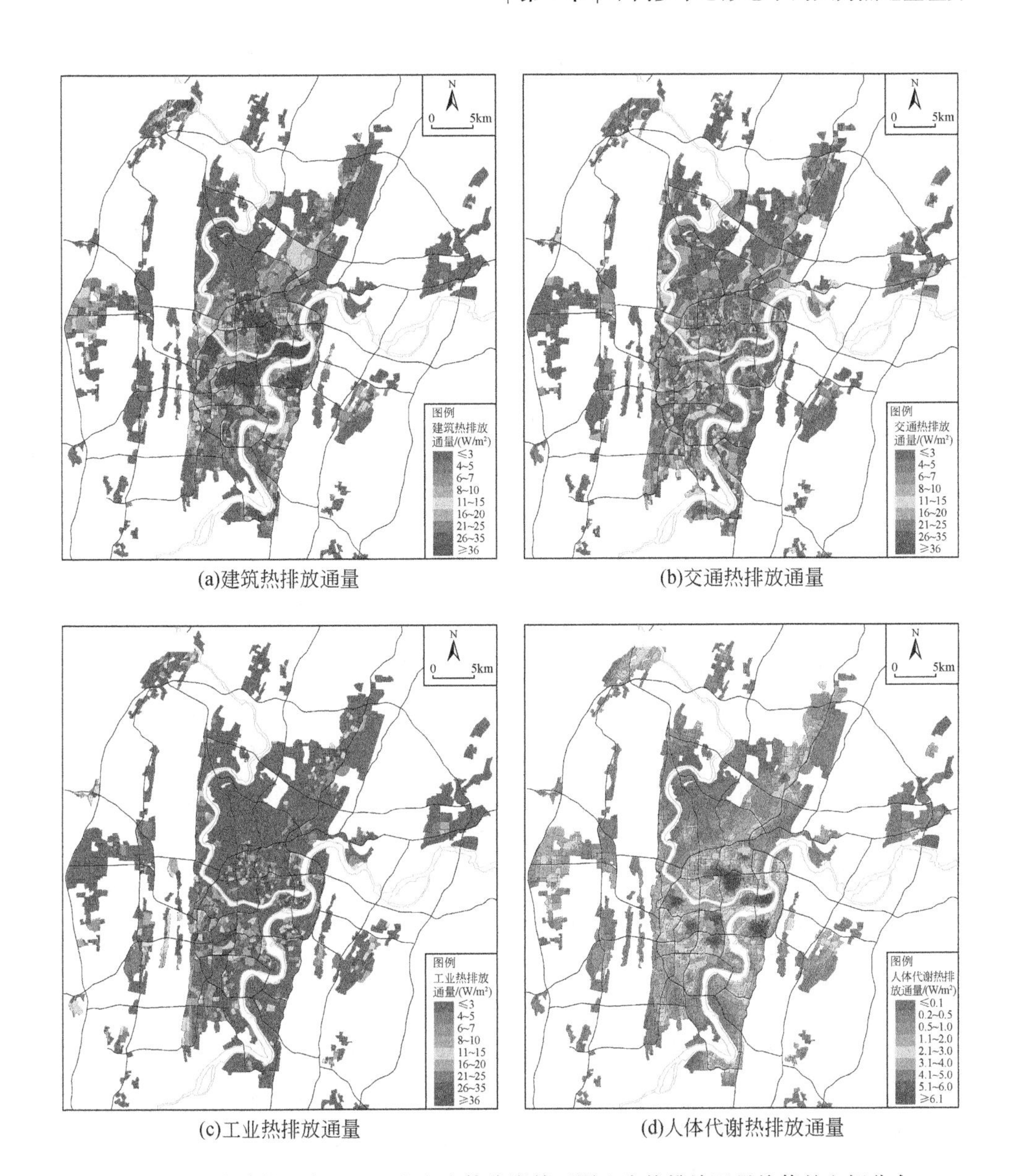

(a)建筑热排放通量　(b)交通热排放通量

(c)工业热排放通量　(d)人体代谢热排放通量

图 7.8　重庆建筑、交通、工业和人体代谢等不同人为热排放通量均值的空间分布

第三，成都工业热排放通量非常高的街区主要分布在四环外侧的新兴开发区和工业园区，尤其是天府大道沿线的高新技术区、龙泉驿的经济技术开发区、机场附近的双流工业区，在空间格局上相对离散。相比之下，重庆工业热排放通量非常高的街区主要分布在内环以内的开发区和工业园区，尤其是北部的北部新

区，南部的高新技术开发区和经济技术开发区，呈现明显的组团式空间格局。

第四，成都人体代谢热排放通量非常高的街区主要分布在集中连片的城市核心区。外围卫星城镇的人体代谢热排放通量也呈现出次高区域，总体上呈现局部聚集特征。相比之下，重庆人体代谢热排放通量非常高的街区主要集中在内环以内的主/副中心，具有相对均衡、局部聚集的组团式格局。内环以外组团也有多个规模相对较小的次高值聚集区，尤其是北碚、空港、茶园、李家沱等外围组团。

7.3 讨　　论

7.3.1 与已有研究的对比

本研究刻画了城市街区尺度人为热排放的空间异质性，并区分了核心区和郊区之间的人为热排放差异（图 7.9）。与 Chen 等[362]，Wang 等[363]的研究相比，本研究结果的空间分辨率和准确性更高。为便于比较，这里将不同研究结果在街区尺度进行重采样，并在图上显示人为热排放的空间分布。对比发现，Wang 等[363]的人为热排放曲线相对平缓，而本研究的人为热排放结果在东西方向和南北方向的波动相对较大。上述差异可归因于两项研究中使用的代理变量不同。Wang 等[363]采用夜间灯光数据作为人为热排放空间分解的代理变量，而本研究则使用了空间分辨率更高的多个代理变量，分不同来源对人为热排放分别进行空间分解，因而能更好地识别人为热排放的空间异质性[349,370]。此外，夜间灯光数据在高度城市化区域具有过饱和效应，难以精确刻画城市核心区域人为热排放的空间差异[362]。Chen 等[362]估算的人为热排放高度聚集在城市核心区域，而本研究结果较好地区分了核心区和郊区的人为热排放差异。其原因可能是，Chen 等[362]采用了感兴趣点（POI）作为代理变量，而 POI 数据集中分布在核心区，在外围郊区的点密度相对稀疏，从而导致核心区人为热排放估算偏高[371]。

基于上述分析，本研究认为，与单一代理变量和传统数据源相比，以多源地理空间数据作为代理变量，能够显著提高源清单法的准确性和精度。

第一，采用夜间灯光数据[363]，POI 数据[362]、人口普查数据[321]等单一代理变量，难以有效区分不同来源的人为热排放[362]，而多源代理变量能更好反映人为热排放的不同组分特征。

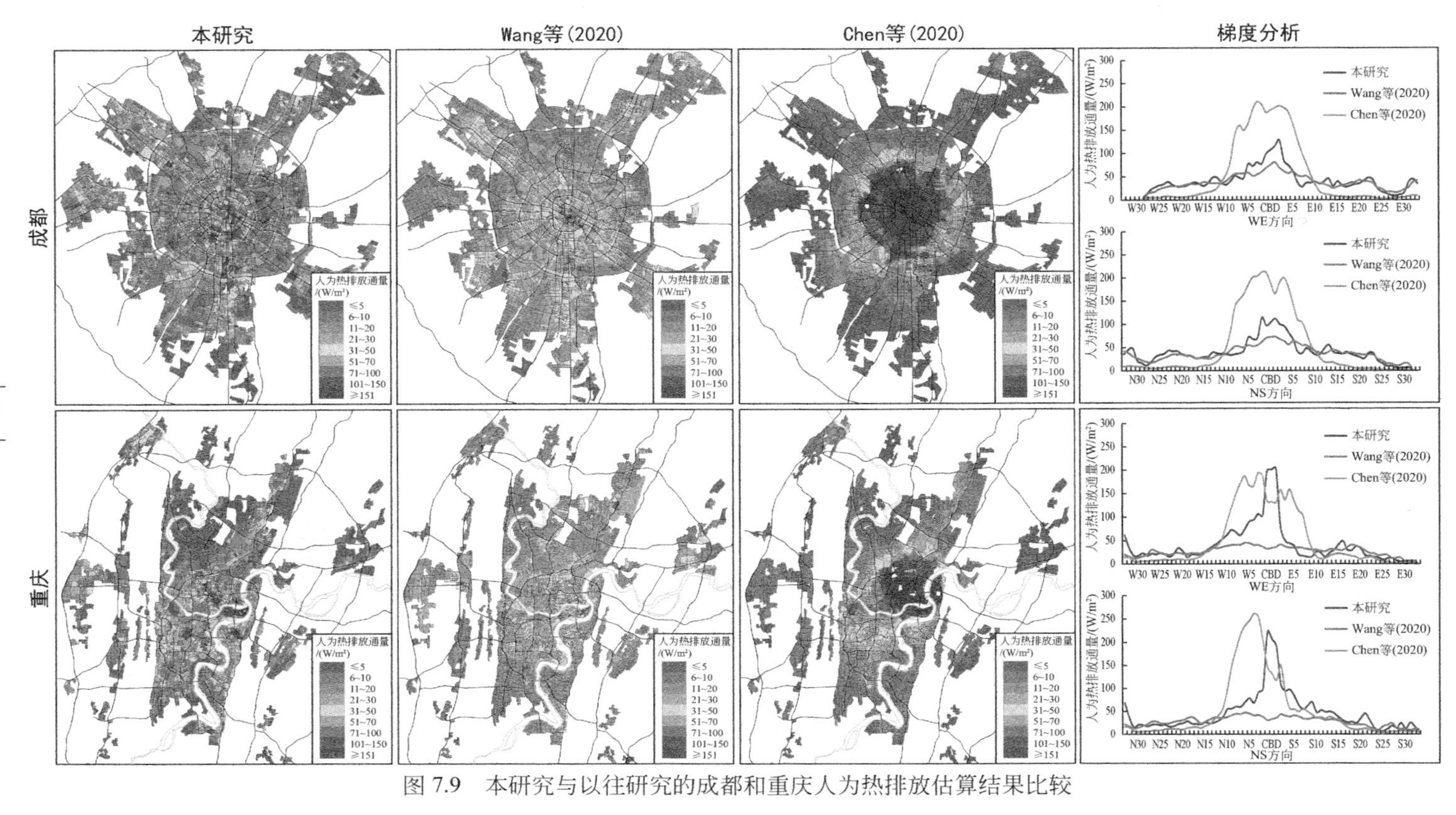

图 7.9 本研究与以往研究的成都和重庆人为热排放估算结果比较

第二，建筑三维模型、实时交通拥堵指数、大样本企业地理数据库、动态人口热力图等多源数据，可提供更准确和更实时的时空信息，因而提高了人为热排放估算的准确性[274]。本研究采用的多源数据优势如下：①建筑三维模型能提供与建筑热排放直接相关的三维信息，相比于土地利用类型[368]和POI数据[362]等二维平面上的间接代理变量，更能反映真实世界的情况。②实时交通拥堵指数能反映交通流量的空间异质性和时间动态变化[364]。与静态的路网密度指标相比，拥堵指数更能反映交通热排放的真实空间分布[337]。相比之下，以往的研究往往采用道路密度[274]、道路长度[364]、道路等级[368]等作为代理变量，将交通热排放平均分配到每条道路上，不能反映真实的交通流量，导致估算结果存在明显偏差。③企查查在线平台能提供全样本的工业企业数据库（包括大、中、小等各种类型企业），准确刻画了工业企业空间格局及其工业企业能耗分布特征。相比之下，同类研究大多采用中国工业企业数据库，该数据库仅反映规模以上工业企业信息（销售额在500万元以上）[364]，可能造成工业热排放空间分解误差。④人口热力指数具有很高的空间分辨率（采样点间隔为25m）和丰富的时间维度信息（更新频率快），因而可动态地将人体代谢热排放分配到每个街区[372]。相比之下，以往研究多采用人口网格化数据（LandScan和WorldPop）作为代理变量，进行人体代谢热排放的空间分配，上述人口格网数据往往是基于十年一次的人口普查数据、年度统计年鉴等，更新频率较慢，且以行政区域为统计单元，空间分辨率不高[364,369]。

第三，以城市街区作为基本分析单元，其原因是街区具有明确的空间界线和规划边界[349]。城市街区保证了城市要素（如建筑和道路）和自然要素（如山脉和河流）的相对完整性，避免已有研究中采用格网对城市要素的人为切割和空间重采样[345,363,368]。此外，本研究排除了山脉、河流区域和植被高覆盖区域，避免了通过格网进行人为热排放分配时，将其错分到上述区域的问题[362,363]（图7.9）。

7.3.2 不同城市的估算结果对比

本研究对比了成都和重庆的人为热排放空间分布差异，并将上述结果与已有研究中的单中心/多中心城市进行横向比较。

第一，成都和重庆的人为热排放各自呈现连续圈层式和分散聚集的不同格局，这与其城市形态差异有关。成都的城市用地主要沿着圈层式环路和放射状路网不断向外围扩张，奠定了单中心主导、向多中心过渡的城市形态[45]。因此，人为热排放的高值区域在核心区呈连续集中分布，随着与核心区的距离增加而逐渐降低，其空间总体格局与北京[373]和西安[349]等城市类似。相比之下，重庆则呈现出相对均衡的组团式格局，以就业人口和居住人口的“大分散、小集中”分布为典型特征[126,246,284]。因此，重庆人为热排放的热点区域位于人口密集和拥挤的多个主/副中心，其空间分布与中国香港[327]和韩国首尔[374]类似。

第二，成都和重庆受不同城市形态的影响，不同来源的人为热排放呈现空间分布格局差异。成都建筑热排放和人体代谢热排放的高值区域集中分布在主城核心区，与南京和杭州等城市的结果相似[328,364]。成都的“核心-外围”格局和单中心主导的城市空间结构，产生大量往返式通勤需求，引发职住错配问题[328,375]。因此，成都主干道沿线出现交通拥堵，形成“圈层式、放射状”的交通热排放空间格局，这一发现与西安类似[349]。成都的核心区过于强大，卫星城镇发展则相对滞后，仅承担相对单一的居住功能或产业功能，结果导致城市主要功能过于集中在核心区，增加往返式通勤需求[376]。目前，随着产业向郊区新兴开发区或工业园区不断迁移，成都外围地区工业热排放出现增长趋势[377]。

相比之下，重庆内环以内的一个主中心和四个副中心具有较高的建筑热排放、交通热排放、人体代谢热排放。其原因是，重庆受山地地形的影响，桥梁、隧道和地铁等基础设施修建和配套成本较高，需要投入大量资金和时间成本。不难理解，城市规划往往鼓励更加高效地利用有限的基础设施，强调城市开发顺应地形、尊重自然[126]。重庆城市发展强调在中心/组团内部实现就地职住平衡，各个主/副中心的功能相对独立，尽量减少往返式通勤需求[378]。因此，重庆的人为热排放空间格局呈现出局部高度聚集、总体相对均衡的特征[327,374]，其特点也与中国香港、中国台北、韩国首尔等山地城市有相似之处[47,80]。

7.3.3 人为热排放对城市热岛的影响

本研究还讨论人为热排放对城市热岛的影响。第一，人为热排放会加剧工业园区的城市热岛强度。各类工业生产活动往往高度集中分布在工业园区，产生大量的工业热排放，增加工业区的地表温度。同时，工业园区的不透水面比例较高，导致太阳热辐射带来的显热难以在短时间内向外围扩散[307]。因此，工业园区会在夜晚释放大量的人为热排放，加剧夜间的城市热岛效应。

第二，考虑成都和重庆的不同自然地形和城市形态，人为热排放对成都核心区的城市热岛有明显的促进作用，但对重庆核心区的影响并不显著。重庆城市核心区邻近长江和嘉陵江，水体冷却效应在一定程度上缓解了人为热排放的影响。此外，高层建筑与地形起伏会产生巨大的阴影区域，屏蔽强烈的太阳辐射，有利于在夏季缓解城市热岛[294,297,309]。相比之下，成都核心区集中连片，建筑高度中等，但建筑密度较高，形成了“城市峡谷”，阻碍了空气流动，难以形成有效的空气对流[379]，从而加剧了核心区的城市热岛[316-318]。

第三，大量的交通热排放和建筑热排放可能会抵消核心区城市公园的降温效果[379]。例如，成都的凤凰公园和天府芙蓉园、重庆的金渝公园都位于人口密集的建成区，受到密集建筑和人类活动聚集所导致的人为热排放影响。总体来说，在平坦/起伏地形和单中心/多中心城市形态下，人为热排放对城市热岛的影响较为复杂。

7.3.4 缓解人为热排放的可能策略

成都和重庆是西部大开发和长江经济带战略的核心城市，分析其人为热排放的空间分布特征，识别人为热排放的高值区域，对城市规划、环境治理、城市可持续发展具有十分重要的意义。研究结果显示，成都和重庆建筑热排放和交通热排放在所有人为热排放中的贡献度超过70%，这说明有必要大力发展绿色建筑产业和新能源汽车产业。根据《英国世界石油能源统计年鉴（2019)》，中国已连续18年成为全球最大的能源消费国。成都和重庆作为西部地区的龙头城市，理应为节能减排做出榜样。据估计，成都和重庆的城市人口在将来还会继续增加，可能超过1000万人，因此其能源消耗的增长趋势在短期内难以逆转。未来随着绿色建筑和新能源汽车的普及，人为热排放的增速将会逐步放缓并趋于稳定。成都和重庆的工业园区聚集了大量的高耗能产业，包括汽车和设备制造、材料加工、能源等不同产业。因此，成都和重庆应加快控制能源消费总量，改变能源消费结构，以缓解人为热排放问题[380-382]。

研究结果也从空间视角为缓解人为热排放问题提供了解决思路。成都人为热排放集中连片分布在城市核心区，在今后的城市发展过程中，可将一定比例的人口和工业向周边的卫星城镇进行疏散。成都城乡总体规划明确提出，需要从传统的单中心、圈层式发展过渡到多中心、网络化发展，这可能会对未来缓解人为热排放产生积极影响[277]。成都环线、核心区与郊区的放射状道路附近，拥有较高的人为热排放，其可能原因是新都、郫都、青白江等卫星城的功能相对单一，基础设施有待完善，对人口的吸引力有待加强，需要改善职住平衡状态以减少往返式通勤流量。因此，成都需要提高卫星城的功能多样性和混合度，减少往返式通勤和缓解频繁通勤带来的人为热排放和空气污染[307]。重庆的城市发展空间极为有限，各个中心集中了大量的高层建筑、交通流量和城市人口，加剧了核心区的人为热排放。因此，重庆需要控制中梁山与铜锣山之间狭长河谷地带的城市开发强度，在外围郊区寻找更多的可供开发土地，缓解高聚集带来的人为热排放[16,319]。需要指出的是，西永和茶园等一些新兴外围副中心，受山体阻隔的影响，与城市主中心的功能联系相对薄弱，在未来还需要强化功能性联系和提高交通便捷性，以有效转移主城过于拥挤的产业和人口[383]。

7.4 本章结论

本章以成都和重庆为例，基于多源地理空间数据和源清单法，估算了研究区街区尺度的人为热排放，探讨了单中心/多中心城市人为热排放的空间分布差异。研究结果表明，人为热排放在不同城市形态下具有明显的空间异质性。成都人为热排放呈现集中连片的环状格局分布，而重庆人为热排放则呈现相对均衡的组团式格局，这与成都的“核心聚集、外围分散”和重庆的“大分散、小集中”城市形态紧密相关。本研究针对不同来源的人为热排放，采用与之高度相关的代理变量，对人为热进行空间分解，其结果比单一代理变量更为准确和可信。同时，研究结果增进了城市形态和人为热排放的理解，丰富了现有的知识体系。然而，本研究也有其局限性。首先，为简化分析，本研究仅将建筑划分为公共建筑和居住建筑两种类型，未进行细致分类，这可能导致建筑热排放的估算存在偏差。其次，由于数据获取困难，本研究未考虑建筑物的空置率及工业企业的能源利用率。再次，本研究采用了近期的多源地理空间数据，但上述数据缺乏长时间序列的历史记录，不能从动态变化的角度分析城市形态对人为热排放的影响。上述不足有待在未来不断完善方法和数据，开展进一步的深入研究。

合作作者：重庆大学明雨佳博士研究生、华东师范大学刘学博士

第8章 不同多中心形态下的城市环境质量差异

在快速城市化过程中，我国城市出现了绿地侵蚀、交通拥堵、城市热岛、空气污染等一系列环境问题，对城市居民的生活质量和身体健康造成了负面影响[384-386]。为识别城市环境敏感区域、减缓环境质量下降对脆弱人群的影响，有必要开展城市环境质量（UEQ）评估。城市环境质量研究是城市规划和环境治理的重要依据，在学术界受到广泛的关注[387,388]。早期，城市环境质量研究多以定性为主，到20世纪60年代，定量研究逐渐成为主流[80]。城市环境质量的定量评价初期侧重于分析污染物的来源、数量和空间分布，以此探讨环境问题的成因和治理[64,389]。然而，城市环境是多种环境要素构成的有机整体，是由众多相互作用的子系统组成的复杂系统。基于空气、水体、土壤等单一维度的城市环境质量评价，难以有效衡量城市系统内复杂的环境状况。因此，近年来的研究致力于建立多维度的环境质量综合评价体系[387]。例如，Krishnan和Firoz[390]基于自然生态和社会经济环境两个维度评估了城市环境质量。窦培谦[391]基于废气、废水、固体废弃物、噪声和生态环境五个维度建立了城市环境质量评价指标体系。Liu等[126]在评价山地城市环境质量时考虑了敏感生态环境下自然灾害的影响。部分学者还将城市居民感知纳入城市环境质量评价。

城市环境质量的已有研究不断积累，但仍存在部分问题有待解决。首先，相关研究大多关注平原城市，较少探究地形复杂、环境敏感的山地城市[392]。受地形和用地空间的限制，山地城市开发出现了不少夷平山丘、切割水系的情况，对脆弱的山地生态系统造成了威胁。考虑山地城市占我国城市数量的三分之一左右，有必要开展平原/山地城市环境质量的比较研究[126]。其次，已有研究大多基于行政区统计数据或普查数据来刻画不同城市的环境质量差异，较少基于高精度的空间大数据刻画城市内部的环境质量特征。考虑到传统统计数据难以刻画城市尺度的空间异质性，采用更新速度快、覆盖面广、时空分辨率高的多源空间数据，为城市内部的环境质量评估提供新视角[393,394]。为此，本章基于遥感数据、监测站点数据、土地利用数据、建筑三维数据等多源空间数据，从物理环境、建成环境、自然灾害三个维度，构建城市环境质量的综合评价体系，探究平原/山地城市环境质量的空间差异及其成因，以期为不同城市提供有针对性的环境治理决策参考。

8.1 数据与方法

8.1.1 数据来源

采用多源空间数据进行指标计算（表 8.1），不同数据来源如下：①地表温度（LST）和归一化植被指数（NDVI），来源于谷歌地球引擎（https://code.earthengine.google.com/）提供的遥感数据产品，主要包括 2019 年的 Landsat 8 影像提取的植被指数产品、MOD11A2 影像提供的地表温度产品。城市热岛强度（UHII）通过交通小区的平均地表温度与农村地区的平均地表温度之差来计算。②空气污染数据，来源于 2019 年成都 33 个空气质量监测站点和重庆 35 个空气质量监测站点，计算各个空气质量监测站点的空气质量指数均值，再对均值进行 IDW 空间插值，得到了研究区的空气质量指数插值图。③路网数据和容积率数据，来源于百度在线地图数据库（https://map.baidu.com/）提供的城市矢量路网和建筑三维模型，包括不同等级的道路体系和建筑物的轮廓与层数信息。④不透水表面数据，来自清华大学 Gong 等[395]绘制的 10m 分辨率全球土地覆盖图（http://data.ess.tsinghua.edu.cn）。⑤工业用地比例、洪泛区开发用地比例，来源于城市规划资料、统计年鉴资料、数字高程模型（DEM），涉及土地利用类型、海拔等信息。本章以城市主次干道围合而成的交通小区为基本研究单元。与乡镇和街道行政区划相比，交通小区的空间尺度更小，能更好反映城市内部环境质量的空间异质性[237]。同时，交通小区与规则栅格相比，能够保证水体、建筑等自然或人为因素的空间完整性，减少人为分割对研究结果的影响[181]。根据路网格局，在成都和重庆各划分了 5887 和 3460 个交通小区。

8.1.2 评价体系

从物理环境、建成环境、自然灾害三个维度，提出城市环境质量的综合评价体系（图 8.1）。其中，物理环境指植被覆盖、空气质量、地表温度等生物物理要素，这些要素与居民生活息息相关；建成环境指人类生活、工作和休憩的人工环境，包括建筑、基础设施等建成要素[396]；自然灾害指城市频发的地质或气候灾害，对城市居民的生命与财产安全造成严重威胁。这三个维度相互影响和相互作用：物理环境是建成环境的物质基础，深刻影响建成区形态、结构和功能；建成环境依托于物理环境，也反过来影响物理环境，如城市建设导致植被侵蚀、空气污染、城市热岛问题加剧；自然灾害会对物理环境和建成环境产生破坏和冲击，而物理环境的自然限制和建成环境的人为扰动也可能会引发自然灾害。因此，基于上述维度和框架，在参考已有文献的基础上，综合多源空间数据，从三个维度选择不同的空间指标来表征城市环境质量。

表 8.1　城市环境质量评价指标选择

指标		计算公式	数据说明
物理环境	归一化植被指数	$NDVI=(NIR-R)/(NIR+R)$	NIR 指红外波段的像素值，对应 Landsat 8 中的 B5 波段；R 指红光波段的像素值，对应 Landsat 8 中的 B4 波段
	空气质量指数	$AQI = \max(IAQI_1, IAQI_2, IAQI_3, \cdots, IAQI_n)$	IAQI 指空气质量指数；n 指污染物种类
	路网密度	$ROAD=L/S_{TAZ}$	L 指每个交通小区内部的道路总长度；S_{TAZ} 指交通小区面积
	城市热岛强度	$UHII=T_{urban}-T_{rural}$	T_{urban} 指交通小区的平均温度；T_{rural} 指郊区的平均温度；参照已有研究，将建成区面积小于 5% 的交通小区定义为农村区域
建成环境	不透水面比例	$IMP=S_{ISF}/S_{TAZ}$	S_{ISF} 指交通小区内不透水面的面积；S_{TAZ} 指交通小区的面积
	工业用地比例	$IND=S_{IND}/S_{TAZ}$	S_{IND} 指交通小区内工业用地面积；S_{TAZ} 指交通小区的面积
	容积率	$FAR=S_{building}/S_{TAZ}$	$S_{building}$ 指交通小区内的总建筑面积；S_{TAZ} 指交通小区的面积
自然灾害	洪灾	$FLOOD=S_f/S_{TAZ}$	S_f 指交通小区内的洪泛区域总面积；S_{TAZ} 指交通小区的面积；位于百年一遇洪水位线下的区域视为潜在洪泛区域，根据历史资料数据，成都和重庆的百年一遇洪水位线分别为 446.55m 和 194.3m

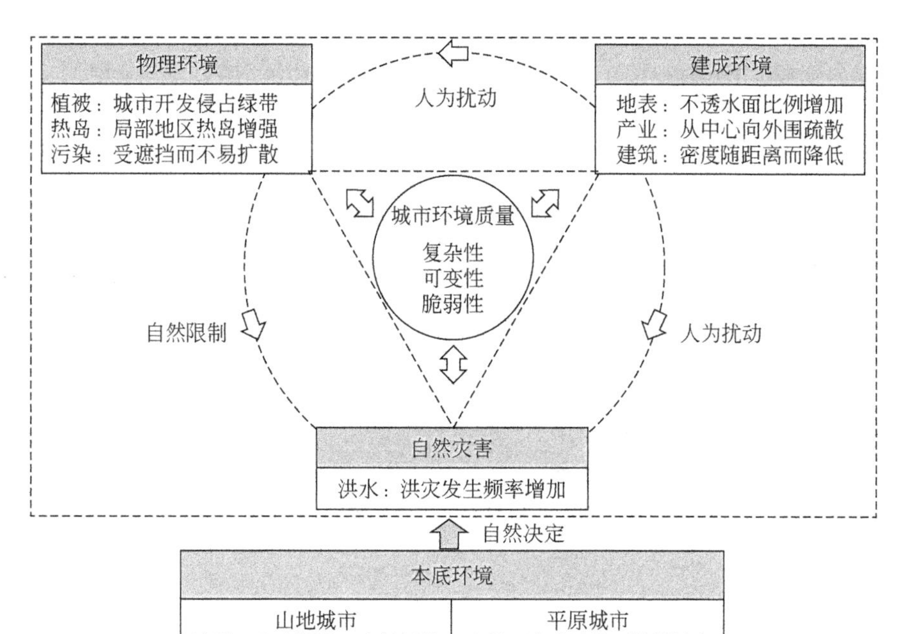

图 8.1　城市环境质量的分析框架

（1）物理环境

物理环境包括植被覆盖率、空气质量指数、交通污染程度、城市热岛强度等指标。①归一化植被指数（NDVI）。植被具有净化空气、缓解热岛、降低噪音等多重作用。相关研究指出，提高地表的植被覆盖率，可以显著提升城市环境质量[397,398]。②空气质量指数（AQI）。空气污染是影响环境质量的重要因素，对城市居民的身心健康有显著影响[399]。③路网密度（ROAD）。路网密度用于表征交通污染程度，主要反映汽车能源消耗和尾气排放导致的空气质量下降及噪声、粉尘等环境污染问题。④城市热岛强度（UHII）。城市热岛指城市区域温度显著高于农村区域的现象。城市地表或空气温度的上升，会对城市生活舒适度与居民身体健康带来直接影响。尤其是夏季高温，建筑制冷设备能源消耗上升，释放出更多热量，进一步加剧城市热岛问题，不利于城市环境改善[181,400]。

（2）建成环境

建成环境包括不透水面比例、工业用地比例、容积率等指标。①不透水面比例（IMP）。不透水面是指水不能渗透的人工地表，主要包括道路、停车场、建筑屋顶等[401]。城市不透水面面积增加，导致植被覆盖相应减少，城市下垫面的散热能力变弱，加剧城市热岛效应。②工业用地比例（IND）。工业规模、空间分布是城市环境质量的重要表征之一，对工业污染强度及分布有显著影响。随着沿海发达地区的产业向西部城市转移，成渝的工业用地出现显著增长，主要分布在工业园区和开发区，带来相应的城市污染和热岛问题[399,402]。③容积率（FAR）。容积率反映建筑密度和用地开发强度。较高的容积率可能造成人口拥挤与交通拥堵，影响城市的人为热排放、空气流通、景观视野等，可能带来严重的城市问题[80,403]。

(3) 自然灾害

这里主要包括洪灾（FLOOD）。洪灾是山城重庆的主要自然灾害之一，其高低起伏的地形阻碍了排水，在降水较多的夏季，低洼地带面临着较高的洪灾风险[404]。成都地形平坦、水系发达，但周围山区地势较高、洪水频发，使其成为全国洪灾最为严重的地区之一[405]。

8.1.3 评价方法

采用投影寻踪模型（PPM）计算城市环境质量综合指数。PPM 是分析和处理高维数据，尤其是高维非正态数据的一种新兴统计方法[406]。通过对数据结构的分析，PPM 自动给各指标赋权，可以有效解决人为赋权的主观干扰，降低主观因素对评价结果的影响[395]，同时具有投影结果稳定、数据特征反映全面等优点[395]。PPM 的关键在于确定最佳投影方法，即在限制条件下求最优解的过程。选择基于实数编码的加速遗传算法（RAGA）来求解投影指标函数的极值，以获得全局范围内的最优投影方向[407]。加速遗传算法可以通过加强寻优能力、压缩寻优空间等方式实现更高效的寻优过程。具体步骤如下：

(1) 数据标准化

由于数据来源不同，不同指标的量纲各异，需要对指标数据进行标准化处理。具体计算公式如下：

$$X_i^* = \begin{cases} [X_i - \min(X_i)]/[\max(X_i) - \min(X_i)] * 100, \text{正指标} \\ [\max(X_i) - X_i]/[\max(X_i) - \min(X_i)] * 100, \text{负指标} \end{cases} \tag{8.1}$$

式中，X_i是指标 i 的原始值；$X_i{}^*$ 是指标 i 的标准化值；max（X_i）和 min（X_i）分别是指标 i 的最大值和最小值。除了归一化植被指数为正向指标外，其他指标均为负向指标。

（2）构建一维线性投影

假设一个单位向量 $a=(a_1, a_2, \cdots, a_m)$，其中 m 为投影指标数量，将 m 维数据 x_{ij}压缩成一维投影值 z_i，计算公式如下：

$$z_i = \sum_{j=1}^{m}(a_j \times x_{ij}), i = 1,2,\cdots,n \tag{8.2}$$

式中，z_i表示一维投影值，x_{ij}是小区 i 指标 j 的标准化值，a_j为投影值 z_i的投影方向。

（3）建立投影指标函数

建立投影指标函数 $Q_{(a)}$，将最佳投影方向的求解问题转化为求投影指标函数 $Q_{(a)}$的极值问题，便于计算：

$$Q_{(a)} = S_Z \cdot D_Z \tag{8.3}$$

$$S_Z = \sqrt{\frac{\sum_{i=1}^{n}(Z(i) - E(i))^2}{n-1}} \tag{8.4}$$

$$D_Z = \sum_{i=1}^{n}\sum_{j=1}^{n}(R - r(i,j)) * u(R - r(i,j)) \tag{8.5}$$

式中，S_Z是投影值 z_i的标准差，D_Z是投影值 z_i的局部密度，R 是局部密度的窗口半径，$r(i, j)$ 是样本之间的距离，$u(R-r(i, j))$ 为单位阶跃函数。如果 $r(i, j) \leqslant R$，则 $u(R-r(i, j))=1$；若 $r(i, j)>R$，则 $u(R-r(i, j))=0$。

（4）优化投影指标函数

在样本数据集不变的情况下，投影指数 z_i的变化仅由投影方向 a 决定。由步骤 3 可知，为了使投影值 z_i尽可能多反映样本集中的信息，应使投影指标函数 $Q_{(a)}$取得最大值，此时的单位向量 a 即为最佳投影方向。具体可表示为公式：

$$\begin{cases} \max Q_{(a)} = S_Z \cdot D_Z \\ \sum_{j=1}^{m}(a_j)^2 = 1 \end{cases} \tag{8.6}$$

上述公式采用最大化的目标函数和约束条件，基于优化变量解决复杂非线性优化问题，本研究采用基于实数编码的加速遗传算法，求解最佳投影方向 a^*。

（5）计算投影值

将步骤 4 中解得的最优投影方向 a^* 代入公式（8.3），计算最优投影值 z_i^*，得到各交通小区的城市环境质量指数。

（6）聚类分析

在城市环境质量指标评价的基础上，利用 ArcGIS 自然断点法分类工具，将交通小区城市环境质量指数的评价结果进行聚类，尽量减少组内差异、增加组间差异。聚类结果用于反映城市环境质量的空间分布。

8.2 结果分析

8.2.1 城市环境质量各维度评价结果

图 8.2 显示了成都和重庆物理环境、建成环境、自然灾害维度的城市环境质量评价结果。基于聚类分析，将分维度评价结果划分为低、较低、中等、较高、高五个等级。

(1) 物理环境

成都具有较高/高物理环境质量的交通小区占比为 25%，而重庆的这一比例为 34%。物理环境质量高的交通小区，主要分布在植被覆盖率高的区域，这反映了植被对城市热岛和空气污染的缓解作用。①成都物理环境质量分布相对连片，呈现出“内低外高、东高西低”的空间分布格局。高值交通小区主要分布在天府新区、新都区、青白江区等三环以外的区域，这与交通小区的植被覆盖率较高有关。低值小区主要分布在二环以内的老城区和四环以外的温江区、双流区、龙泉驿，反映了路网密集、交通拥堵带来的空气污染和交通污染问题。②重庆不同物理环境质量的交通小区交错分布，在空间上呈现“马赛克、镶嵌式”格局。高值交通小区主要分布在两江沿岸及大型森林公园周围。低值交通小区主要分布在解放碑、观音桥、南坪、沙坪坝等人口和建筑密集区域，以及鱼嘴、空港、茶园、西永等工业活动较为集中的开发区，总体上受“多中心、组团式”城市形态影响。重庆主/副中心聚集了大量人口、建筑及人类活动，人为热排放较高且热量扩散受阻，加剧了城市热岛效应。

(2) 建成环境

重庆建成环境质量较高和高的交通小区占比高达 47%，而成都这一比例不到 39%。①成都建成环境质量高的交通小区主要分布在三环与四环之间的公园、湿地等区域及四环以外的天府新区。成都建成环境质量低的小区在核心区和城市新区分布较广，其可能原因是在建成区往往以“摊大饼”的方式向外围蔓延，大量植被、湿地等自然地表被建筑物、道路等不透水面所替代，造成建成环境质量退化。②重庆建成环境质量高的交通小区主要分布在礼嘉、悦来等城市核心区

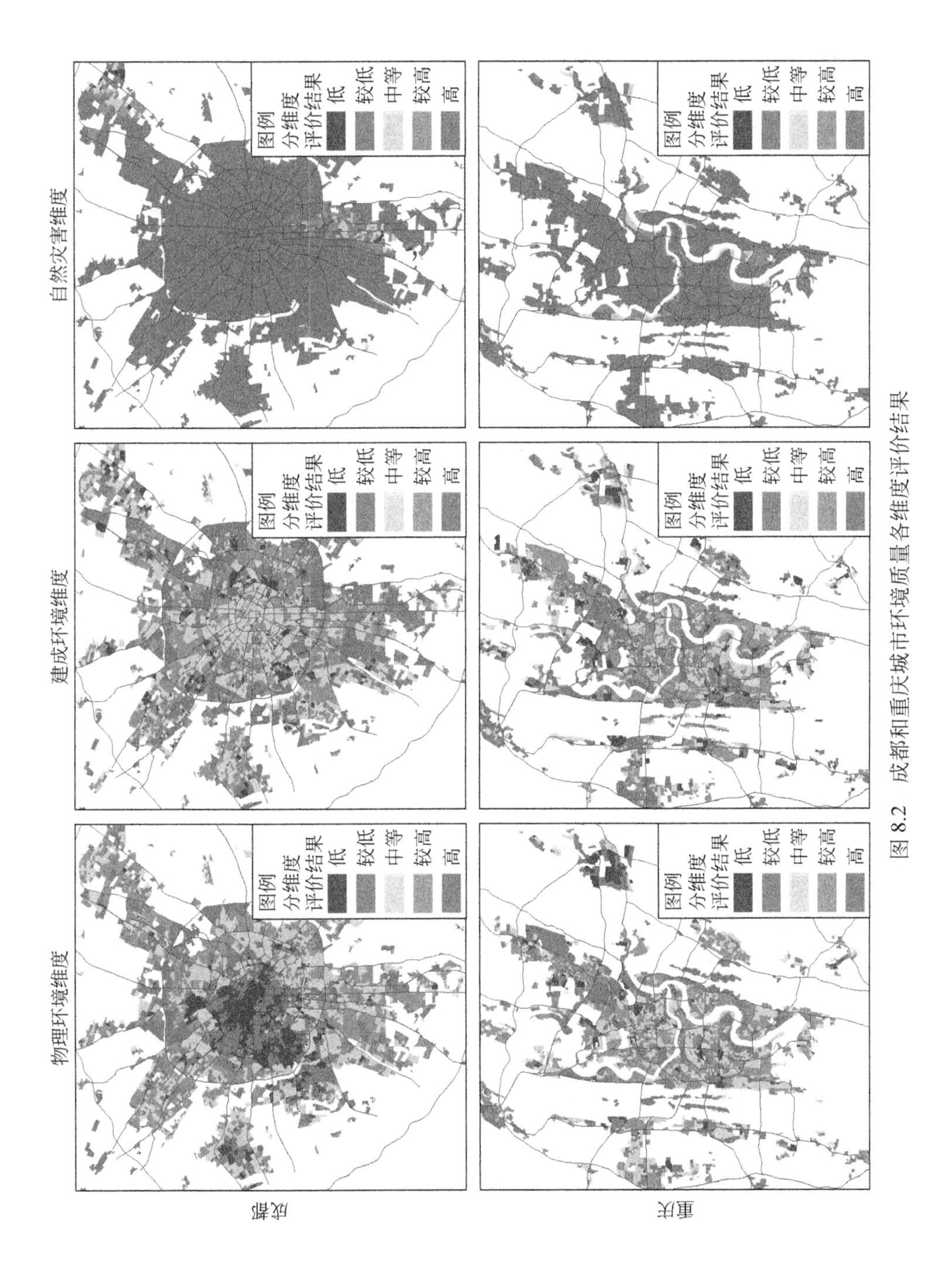

图 8.2 成都和重庆城市环境质量各维度评价结果

域及外围的大学城、茶园等城市新兴区域。上述区域不透水面比例相对较低，工业污染源较少，对建成环境质量有正向作用。建成环境质量低的交通小区集中在鱼嘴、大渡口、西彭等外围工业密集区域，其工业用地比例和不透水面比例较高，污染物排放现象突出，对建成环境质量产生负面影响。

（3）自然灾害

与前两个维度相比，自然灾害对城市环境质量的贡献程度相对较低。①成都地势平坦、水系发达，岷江、沱江、府河、南河等河流纵横交错，洪泛区域主要分布在河流流域，多属于漫溢型洪灾。成都核心区高强度的城市开发，导致不透水面比例大幅增加，雨水下渗功能减弱，地表径流增加，低洼地区的洪灾风险上升。②重庆的洪泛区域主要分布在长江和嘉陵江沿岸的低洼地区，受季节性暴雨的影响明显。长江及其支流上游区域大范围暴雨、重庆本地大范围强降水，都可能带来洪水，导致洪水水位超过警戒线。重庆城市开发导致的地表硬化、夷平山丘、填平沟壑，致使山脉和水系蓄洪能力下降，给受灾区域带来较大的损失。

8.2.2 城市环境质量综合评价结果

采用 PPM 对各个维度的城市环境质量进行综合评价。基于聚类分析，将综合评价结果划分为低、较低、中等、较高、高五个等级（图 8.3）。

（1）数量结构

成都城市环境质量为“中等”或“较低”的交通小区相对较多，占比分别为 31% 和 30%；其次为“较高”的交通小区，占比为 21%；再次为“高”或“低”的交通小区，分别占 10% 和 9%。

重庆城市环境质量为“中等”或“较高”的交通小区相对较多，占比分别为 29% 和 28%；其次为“较低”的交通小区，占比为 17%；再次为“高”或“低”的交通小区，分别占 15% 和 11%。

（2）空间分布

成都城市环境质量高值与低值区域存在明显的空间分异，高值区域主要聚集在三环与四环之间的区域、天府新区，城市绿色空间和植被覆盖相对较多；低值区域高度聚集在三环以内的城市核心区域，以及四环以外的温江、双流、龙泉驿等工业集中区域。成都城市环境质量呈现从核心区向外围逐渐提高的趋势。

重庆城市环境质量高值与低值区域呈交错分布，具有典型的“马赛克、镶嵌式”格局；高值区域分布在植被覆盖状况良好的山体绿地周围、长江和嘉陵江沿

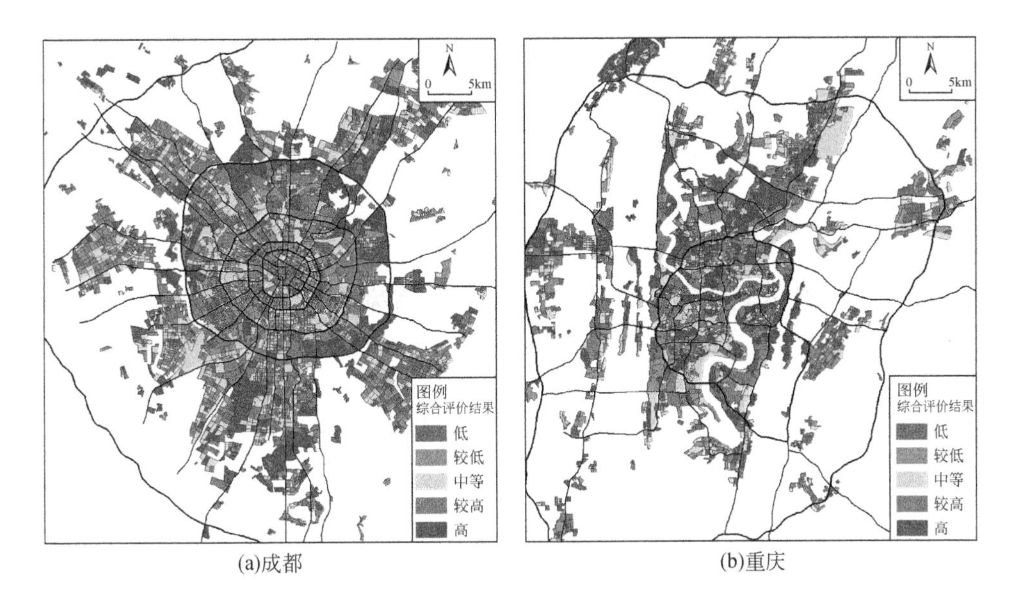

(a)成都 (b)重庆

图 8.3 成都和重庆的城市环境质量空间分布

岸地区，低值区域主要集中在内环外侧的空港、鱼嘴、龙兴、大渡口等工业园区。

(3) 贡献因子

在不同评价指标中，对城市环境质量贡献较大的因子依次为不透水面比例、工业用地比例、植被指数、城市热岛强度。

成都较少受到自然环境的限制，其平坦开阔的平原地形提供了充足的城市开发空间。成都核心区聚集了大量的人口、建筑与产业，具有明显的聚集效应和极化效应。由于三环以内的不透水面比例较高、建筑密集、植被覆盖低，加之其独特的盆地地形和静风气象特征[408]，导致污染和热量难以向外围扩散，从而加剧城市热岛和环境污染。温江、双流、龙泉驿等外围城区集中了大量的工业用地，污染相对严重，整体环境质量偏低。相比之下，成都天府新区的大量开敞空间及四环以内的环城绿楔和绿带，不透水面比例和工业用地比例较低，植被覆盖良好，因而其城市环境质量较高。

重庆在山地地形限制下，城市开发空间十分稀缺，人口、建筑、产业往往过于集中在部分区域，引发人口拥挤、污染严重、植被稀疏、透水性差、热岛加剧等多重环境问题，导致部分交通小区的城市环境质量非常低。然而，山水阻隔也使城市开发避开山体茂密植被和河流缓冲带，减少了上述区域的不透水面比例，起到了涵养水土、净化环境等生态功能，避免了城市环境质量的低值区域集中连片分布。尤其是，重庆主城缙云山、中梁山、铜锣山、明月山等平行山脉和长江、嘉陵江等大型水体，可以大大缓解周边区域的城市热岛效应，提升区域城市环境质量。因此，重庆独特的山水格局导致其环境质量差异具有显著的空间异质性。

8.2.3 典型区域城市环境质量评价结果

根据评估结果，选择“高”“中等”“低”不同等级的城市环境质量典型区域作为具体案例，进一步分析典型区域的城市环境质量表现及其成因（图 8.4）。

（1）城市核心区

选择成都天府广场和重庆解放碑进行比较，这两个案例反映了高密度开发导致的城市环境质量下降问题。

成都天府广场是成都的中央商务区。这一区域汇聚了大量的基础设施、就业机会、商业和旅游资源，吸引高频率的人类活动，导致交通拥堵和空气污染严重，拥堵指数和空气质量指数居高不下。这一区域植被覆盖率低，不透水面比例高，能源消耗和热量排放高，降低了城市环境自净能力和城市环境质量。

重庆解放碑坐落在渝中半岛，修建在狭长的山顶上。由于建设用地稀缺，这一区域高层建筑密集，植被覆盖情况较差。高层公寓和摩天办公大楼的建筑容量占总建筑容量的 29% 和 42%。区域内聚集了大量办公和消费人群，人类活动和交通拥堵带来的能源消耗与污染排放对环境造成了较大的压力。

为缓解环境困境，成渝老城区都进行了大规模城市更新，不断向外疏散人口和产业。

（2）工业园区

选择成都经济技术开发区和重庆鱼复工业开发区进行比较，这两个案例反映了工业开发导致的环境质量下降现象。

成都经济技术开发区是龙泉山西侧山麓的国家级经济开发区，以汽车制造为核心产业。为满足汽车制造需要，该区域内大量土地用于修建厂房和道路，不透水面比例高，植被覆盖率低。工业生产活动强度较高，开发区内部的工业污染现象和城市热岛效应明显，导致城市环境质量较低。

重庆鱼复工业开发区是长江北侧的重要工业园区、多式联运枢纽和货物集散中心。为满足工业生产场所需求，开发区清除了大量天然植被，自然透水地面被

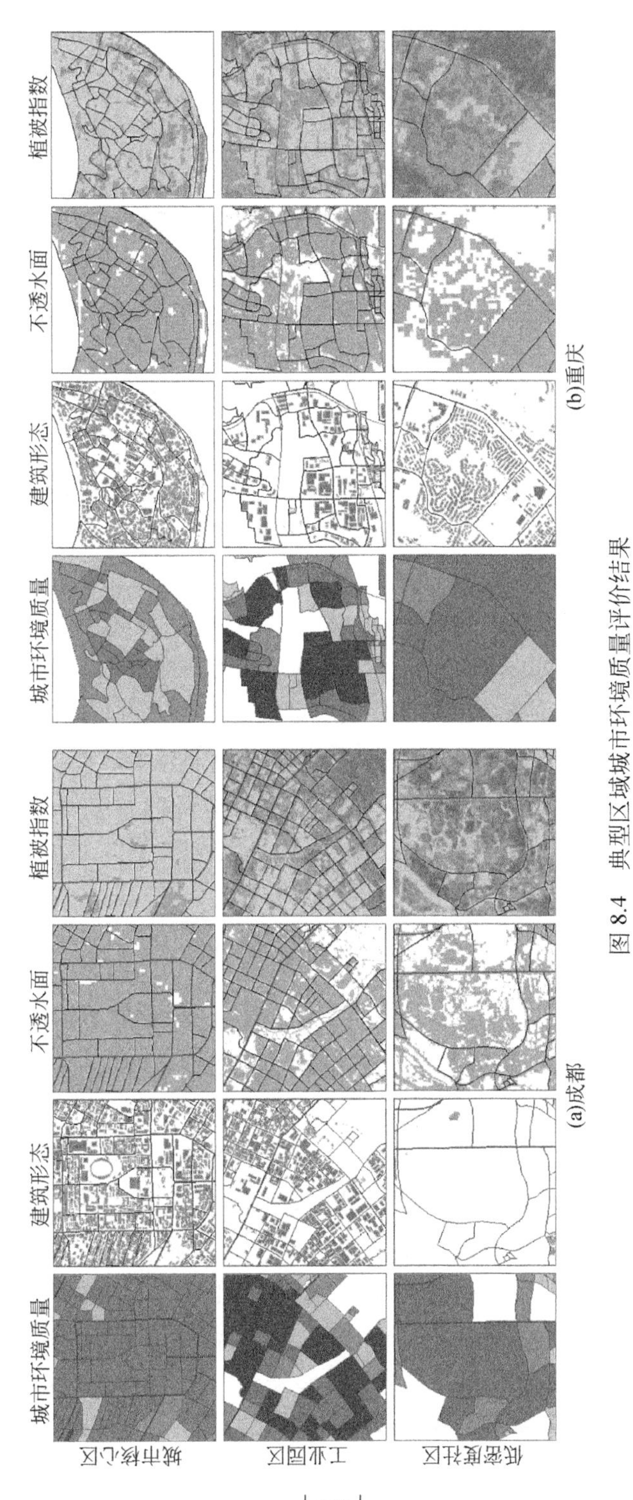

图 8.4　典型区域城市环境质量评价结果

沥青马路、混凝土厂房等不透水面所替代，区域吸热能力大幅上升。工业生产所需的能源消耗和冷却用水排放等行为会释放出更多热量，使其温度明显高于周边区域，城市热岛效应明显。

汽车制造、化学材料等工业活动导致环境污染加剧，区域环境质量降低。因此，这两个案例主要反映了工业生产活动对区域环境质量的负面影响。

(3) 低密度社区

选择成都麓湖生态城和重庆蓝湖郡进行比较，这两个案例反映了环境质量良好的低密度高档社区。

成都麓湖生态城位于成都天府大道西侧，凭借其湖景资源和浅丘地形，形成以生态资源为基底、以居住/产业/休闲为一体的生态示范区。作为高端社区，麓湖生态城以低密度开发为主，容积率很低，住宅类型多为独栋别墅或联排别墅。良好的生态环境和低密度的住宅开发，使得麓湖生态城的环境质量指数很高。

重庆蓝湖郡是位于重庆北部新区的典型低密度纯别墅社区。蓝湖郡占地面积较大，建筑随地形起伏，错落有致，分布稀疏。蓝湖郡容积率仅有0.69，绿化率高达70%，仅规划了千余户住房，环境质量很高。

尽管上述两个案例具有良好的生态环境和大量的植被覆盖，但其低密度开发的模式往往需要消耗大量的土地资源，可能会给整个城市环境质量造成一定压力。

8.3 讨　论

8.3.1 不同类型城市的环境质量差异

本研究证实平原城市和山地城市在城市环境质量上具有显著差异。成都城市环境质量指数高低值聚集分异明显，呈现典型的“圈层式”结构，而重庆城市环境质量指数高低值交错分布，呈现出典型的“马赛克”格局；成都城市环境质量高值区域主要分布在三环以外的城市新区和环城绿带，而重庆城市环境质量高值区域主要分布在植被覆盖状况良好的山体公园及长江、嘉陵江沿岸地带。因此，两类城市的城市环境质量格局具有明显差异。究其原因，城市环境质量在很大程度上受自然地形和城市发展的影响。

（1）自然地形

成都作为平原城市，平坦地形奠定了“圈层式”发展的自然基础，并逐渐衍生出“主中心+卫星城”的城市格局。一方面，平坦地形使城市规划较少受开发空间的限制，可在城市环状和放射状道路周边预留城市绿带和绿岛，促进城市环境质量的提升；另一方面，由于缺乏自然要素和增长边界约束，成都城市开发容易突破规划限制，出现“见缝插针”“野蛮生长”的盲目扩张问题，侵蚀原有的农田、绿地和水体等开敞空间。郊区开阔的新开发区，受高度人工化地表和高强度工业活动的影响，出现景观破碎、大气污染、城市热岛等环境问题，降低了其城市环境质量。

重庆山水格局既是城市环境的宝贵资源，也是城市环境的制约因素。山水的阻隔与分割奠定了城市环境质量“马赛克、镶嵌式”格局的自然基础。一方面，部分交通小区依山傍水、顺应自然地形，城市环境质量较高，这说明山水相融的自然景观对城市环境质量有正向促进作用；另一方面，部分交通小区受山地地形和热岛环流的影响，具有山地条件下特殊的逆温现象，导致热量和污染难以扩散，强化了城市热岛和空气污染，从而降低了城市环境质量。

（2）城市发展

成都较早进行产业结构转型，将核心区的污染密集型企业大规模向外搬迁，导致其核心区较少受工业活动的影响。然而，成都核心区仍然维持了高强度的连片开发，不透水面比例很高，加剧了城市热岛、内涝灾害等环境风险。同时，集中连片的城市开发也导致城市绿地和植被覆盖减少，降低了绿色空间对建筑扬尘、汽车尾气等污染物的净化能力[397,398]，对城市环境质量产生负面影响。为减缓单中心过度聚集带来的“大城市病”，成都在其近期规划中倡导“多中心、网络化”的发展模式。但在实践中，成都也出现城市热岛和空气污染向工业郊区扩散的问题。由于城市单中心聚集的发展惯性，核心区仍然汇聚了大量的就业机会和消费需求，而在房价飙升和环境压力影响下，城市居民不断向外搬迁以寻求低成本住所，可能会加剧成都的职住分离问题，导致通勤成本上升和交通污染加剧，从而降低了核心区周边的城市环境质量。

重庆的“多中心、组团式”开发策略要求形成功能完备、相对独立的多个中心/组团，从而减轻了核心区的交通拥堵、能源消耗及其城市热岛、大气污染等环境问题。然而，受地形限制，重庆城市开发过程中鼓励老城区的高密度、紧凑式再开发，加快新开发区域的城市扩张，不断入侵陡坡、冲沟等脆弱敏感地带，导致了城市环境质量下降。同时，受河谷地形和高大建筑遮挡的影响，重庆空气流通和热量扩散较为困难，城市热岛效应比较明显。此外，重庆以汽车制造、材料工业、能源工业等重工业为主，其支柱产业具有典型的污染密集型特征，密集的工业活动带来了较多的工业废水、废气及废渣排放，以及工业热排放，降低工业区的环境质量。

8.3.2 城市环境质量的综合评价

本研究采用了遥感数据、在线地图数据、城市规划数据等多源空间数据，进行城市环境质量的定量评价，具有样本量大、时效性强、数据获取成本低等优点，而且覆盖范围广、时空精度高，适宜城市尺度的环境质量研究。因此，本研究突破以往研究依赖人口普查、社会经济调查、田野采样调查等传统数据的缺陷，克服传统方法数据精度低、获取难度大的局限。本研究针对多源数据信息冗余的特点，采用 PPM 方法进行信息降维和客观评价，精细测度交通小区单元的环境质量。此外，已有城市环境质量研究大多是针对相对均质的平原城市展开，而较少关注具有高度空间异质性的山地城市，尤其是缺乏山地城市和平原城市的比较研究。山地城市具有更加敏感和脆弱的城市生态系统，形成“大分散、小集中”的城市规划发展理念，本质上不同于平原城市的“大集中、小分散”模式。鉴于此，本章在深入挖掘山地城市和平原城市特点的基础上，从物理环境、建成环境、自然灾害三个维度，构建城市环境质量的综合评价体系，对比分析了两类城市在环境质量上的特征差异，为这一领域的研究提供了有益参考。然而，受数据获取限制，本章可能还在维度构建和指标选择上有不足之处。第一，本研究主要筛选客观定量、空间显性的评价指标，并未从城市居民角度刻画其对城市环境的主观感受，这需要在未来研究中通过问卷调查、现场访谈等方式获取主体的环境感知。第二，本研究主要采用某一时间的数据进行城市环境质量评估，受数据回溯困难、采集成本较高的限制，未考虑时间序列上的城市环境质量动态变化，这有待在未来研究改进。

8.3.3 政策建议

研究发现，山地城市和平原城市不同的自然地形和城市形态对城市环境质量具有显著影响。因此，提出以下城市环境质量提升建议：①平原城市由于缺乏地形限制，城市形态大多为以单中心为主、向多中心转型的空间结构，可能导致污染物高度聚集于核心区，其环境治理难度较大。因此，应通过产业和人口的迁移，降低核心区人口聚集程度，缓解交通拥堵和降低污染排放强度，提高区域环境质量。设置河道保护线和绿化缓冲带，避免大规模的填湖造地、河道截流改道等行为，保障水生生态系统的防洪、防涝功能。避免城市开发侵蚀城市公园、自然保护区、风景名胜区，保护规划预留的环城绿带和绿楔，优化绿色空间的生态安全格局。②山地城市在规划和建设过程中，应避免大规模地挖高填低，尤其是植被茂盛、生态敏感、坡度陡峭的山体区域，应严格控制城市开发活动强度，避免水土流失和山体滑坡等自然灾害。减少河谷、溪沟等区域的城市开发，严格禁止洪水位线以下的建设活动，避免洪涝灾害频发导致的生命财产损失。依托自然山体、森林、湿地、公园等划定城市组团的隔离带，避免组团间粘连式发展，维持山地城市的“多中心、组团式”格局。通过城镇开发边界和生态保护红线，保护自然山水格局和生态本底，维持山水系统的生态功能。

8.4 本章结论

本章从物理环境、建成环境、自然灾害三个维度，构建了城市环境质量的分析框架。利用多源空间数据和 PPM 方法，对成都和重庆的城市环境质量进行定量测度和对比分析。结果发现：①成都城市环境质量呈现出外高内低的“圈层式”格局，而重庆城市环境质量呈现出典型的“马赛克、镶嵌式”格局。②成都城市环境质量高值与低值区域存在明显的空间分异；高值区域主要聚集在三环与四环之间的区域、天府新区；低值区域高度聚集在三环以内的城市核心区域，以及四环以外的温江、双流、龙泉驿等工业集中区域。重庆城市环境质量高值与低值区域呈交错分布；高值区域分布在植被覆盖状况良好的山体绿地周围、长江和嘉陵江沿岸地区；低值区域主要集中在内环外侧的空港、鱼嘴、龙兴、大渡口等工业园区。③在各评价指标中，对城市环境质量贡献较大的因子，依次为不透水面比例、工业用地比例、植被指数、城市热岛强度。成都和重庆的城市环境质量在很大程度上受自然地形和城市发展的影响。成都具有平原城市地形平坦、开发空间充足的有利条件，在规划中布局了大量环城绿带和绿楔，并高标准建设了天府新区等外围新城，提升了城市环境质量；但由于缺乏自然约束，城市“摊大饼式”蔓延较为严重，城市开发不断沿环状和放射状道路往外延伸，导致不透水面增加和植被大量缩减，降低了核心区及其周边区域的城市环境质量。重庆受山水格局的影响，具有“多中心、组团式”的城市形态，临近山脉、河流、溪沟等区域的城市环境质量更高；但独特的山水格局也会加剧城市热岛、污染累积、洪涝风险等问题，对城市环境质量构成潜在威胁。

综上，本章采用多源空间数据在交通小区尺度进行城市环境质量的量化研究，大幅提升研究的准确性与时效性，其结果可为城市环境改善提供决策参考。

合作作者：重庆大学明雨佳博士研究生、重庆大学何佳乐硕士、重庆大学胡洁硕士

参考文献

[1] Clark W A V. Monocentric to Policentric: New Urban forms and Old Paradigms [A] //Bridge G, Watson S. A Companion to the City [M]. Oxford: Blackwell, 2002: 141-154.

[2] Davoudi S. European briefing: Polycentricity in European spatial planning: from an analytical tool to a normative agenda [J]. European Planning Studies, 2003, 11 (8): 979-999.

[3] Gordon P, Richardson H W. Beyond polycentricity: The dispersed metropolis, Los Angeles, 1970-1990 [J]. Journal of the American Planning Association, 1996, 62 (3): 289 - 295.

[4] Parr J B. Cities and regions: Problems and potentials [J]. Environment and Planning A, 2008, 40: 3009-3026.

[5] 徐江. 多中心城市群——POLYNET引发的思考 [J]. 国际城市规划, 2008, (1): 1-3.

[6] 罗震东, 朱查松. 解读多中心: 形态、功能与治理 [J]. 国际城市规划, 2008, 23 (1): 85-88.

[7] 石忆邵. 从单中心城市到多中心城市——中国特大城市发展的空间组织模式 [J]. 城市规划汇刊, 1999, (3): 36-39.

[8] 孙斌栋, 魏旭红. 中国城市区域的多中心空间结构与发展战略 [M]. 北京: 科学出版社, 2016.

[9] 韦亚平, 赵民. 都市区空间结构与绩效——多中心网络结构的解释与应用分析 [J]. 城市规划, 2006, 30 (4): 9-16.

[10] 吴一洲, 赖世刚, 吴次芳. 多中心城市的概念内涵与空间特征解析 [J]. 城市规划, 2016, 40 (6): 23-31.

[11] 魏守华, 陈扬科, 陆思桦. 城市蔓延、多中心集聚与生产率 [J]. 中国工业经济, 2016, (8): 58-75.

[12] Liu X, Wang M. How polycentric is urban China and why? A case study of 318 cities [J]. Landscape and Urban Planning, 2016, 151: 10-20.

[13] Hall P, Pain K. The Polycentric Metropolis: Learning from Mega-city Regions in Europe [M]. London: Earthscan Publications, 2006.

[14] Anas A, Arnott R, Small K A. Urban spatial structure [J]. Journal of Economic Literature, 1998, 36 (3): 1426-1464.

[15] Liu Y, Yue W, Fan P. Spatial determinants of urban land conversion in large Chinese cities: A case of Hangzhou [J]. Environment and Planning B: Planning and Design, 2011, 38

(4): 706-725.

[16] Yue W Z, Liu Y, Fan P L. Polycentric urban development: The case of Hangzhou [J]. Environment and Planning A, 2010, 42 (3): 563-577.

[17] Garreau J. Edge-city: Life on the Urban Frontier [M]. New York: Double Day, 1991.

[18] Harris C D, Ullman E L. The nature of cities [J]. The Annals of the American Academy of Political and Social Science, 1945, 242 (1): 7-17.

[19] 罗瑾，刘勇，岳文泽，等. 山地城市空间结构演变特征：从沿河谷扩展到多中心组团式扩散 [J]. 经济地理，2013，33 (2): 61-67.

[20] 赵万民. 三峡库区人居环境建设发展研究 [M]. 北京：中国建筑工业出版社，2015.

[21] 黄光宇. 山地城市学原理 [M]. 北京：中国建筑工业出版社，2006.

[22] 黄光宇. 山地城市空间结构的生态学思考 [J]. 城市规划，2005，(1): 57-63.

[23] Fujii T, Hartshorni T A. The changing metropolitan structure of Atlanta, Georgia: Locations of functions and regional structure in a multinucleated urban area [J]. Urban Geography, 1995, 16 (8): 680-707.

[24] Kloosterman R C, Musterd S. The polycentric urban region: Towards a research agenda [J]. Urban Studies, 2001, 38 (4): 623-633.

[25] 孙斌栋，袁谆. 多中心城市的生态绩效研究 [A] //宁越敏. 中国城市研究（第5辑）[M]. 北京：商务印书馆，2012.

[26] 颜文涛，萧敬豪，胡海，等. 城市空间结构的环境绩效：进展与思考 [J]. 城市规划学刊，2012，(5): 50-59.

[27] Meijers E J, Burger M J. Spatial structure and productivity in US metropolitan areas [J]. Environment and Planning A, 2010, 42 (6): 1383-1402.

[28] 孙斌栋，石巍，宁越敏. 上海市多中心城市结构的实证检验与战略思考 [J]. 城市规划学刊，2010，(1): 58-63.

[29] Bertaud A. The spatial organization of cities: Deliberate outcome or unforeseen consequence [R/OL]. 2004. https://citeseerx. ist. psu. edu/viewdoc/download; jsessionid = 4CE8FEF243B1030294D66A2E63C8C155? doi=10. 1. 1. 18. 8430&rep=rep1&type=pdf[2020-10-20].

[30] Gordon P, Wong H L. The costs of urban sprawl: Some new evidence [J]. Environment and Planning A, 1985, 17 (5): 661-666.

[31] Cervero R, Wu K. Polycentrism, commuting, and residential location in the San Francisco Bay Area [J]. Environment and Planning A, 1997, 29 (5): 865-886.

[32] 丁成日. 城市规划与空间结构：城市可持续发展战略 [M]. 北京：中国建筑工业出版社，2005.

[33] 孙斌栋，潘鑫. 城市空间结构对交通出行影响研究的进展——单中心与多中心的论争 [J]. 城市问题，2008，(1): 19-22.

[34] 宋博，赵民. 论城市规模与交通拥堵的关联性及其政策意义 [J]. 城市规划，2011，35

(6): 21-27.

[35] Parr J B. Spatial definitions of the city: Four perspectives [J]. Urban Studies, 2007, 44 (2): 381-392.

[36] Wu F L. Polycentric urban development and land-use change in a transitional economy: The case of Guangzhou [J]. Environment and Planning A, 1998, 30 (6): 1077-1100.

[37] Aguilera A. Growth in commuting distances in French polycentric metropolitan areas: Paris, Lyon and Marseille [J]. Urban Studies, 2005, 42 (9): 1537-1547.

[38] Kohlhase J, Ju X. Firm location in a polycentric city: The effects of taxes and agglomeration economies on location decisions [J]. Environment and Planning C: Government and Policy, 2007, 25: 671-691.

[39] McDonald J F. The identification of urban employment subcenters [J]. Journal of Urban Economics, 1987, 21 (2): 242-258.

[40] Vasanen A. Functional polycentricity: Examining metropolitan spatial structure through the connectivity of urban sub-centres [J]. Urban Studies, 2012, 49 (16): 3627-3644.

[41] Lang R, Knox P K. The new metropolis: Rethinking megalopolis [J]. Regional Studies, 2009, 43 (6): 789-802.

[42] Burger M, Meijers E. Form follows function? Linking morphological and functional polycentricity [J]. Urban Studies, 2012, 49 (5): 1127-1149.

[43] Green N. Functional polycentricity: A formal definition in terms of social network analysis [J]. Urban Studies, 2007, 44 (11): 2077-2103.

[44] Champion A G. A changing demographic regime and evolving polycentric urban regions: Consequences for the size, composition and distribution of city populations [J]. Urban Studies, 2001, 38 (4): 657-677.

[45] Schneider A, Chang C, Paulsen K. The changing spatial form of cities in Western China [J]. Landscape and Urban Planning, 2015, 135: 40-61.

[46] Liu J X, Zhang G, Zhuang Z Z, et al. A new perspective for urban development boundary delineation based on SLEUTH-InVEST model [J]. Habitat International, 2017, 70: 13-23.

[47] Huang J N. Analyzing and Modeling Urban Development and Its Impact in the Mountain Area: A Case Study of Chongqing City, China [D]. Singapore: National University of Singapore, 2008.

[48] Darido G, Torres-Montoya M, Mehndiratta S. Urban transport and CO_2 emissions: Some evidence from Chinese cities [J]. Wiley Interdisciplinary Reviews: Energy and Environment, 2009, 3 (2): 122-155.

[49] 李峰清，赵民．关于多中心大城市住房发展的空间绩效——对重庆市的研究与延伸讨论[J]．城市规划学刊，2011，(3)：8-19.

[50] Krugman P. The Self-Organizing Economy [M]. Oxford: Blackwell, 1996.

[51] Wu F L. An experiment on the generic polycentricity of urban growth in a cellular automatic city [J] . Environment and Planning B: Planning and Design, 1998, 25: 731-752.

[52] Allen P M. Cities and regions as evolutionary, complex system [J] . Geographical System, 1997, (4): 103-130.

[53] Ogawa H, Fujita M. Nonmonocentric urban configurations in a two-dimensional space [J] . Environment and Planning A, 1989, 21: 363-374.

[54] Helsley R, Sullivan A. Urban subcenter formation [J] . Regional Science and Urban Economics, 1991, 21: 255-275.

[55] Long Y, Gu Y Z, Han H Y. Spatiotemporal heterogeneity of urban planning implementation effectiveness: Evidence from five urban master plans of Beijing [J] . Landscape and Urban Planning, 2012, 108 (2-4): 103-111.

[56] 沈宏婷，张京祥，陈眉舞. 中国大城市空间的“多中心”重组 [J] . 城市问题，2005，(4): 25-30.

[57] 李祎，吴缚龙，尼克·费尔普斯. 中国特色的“边缘城市”发展——解析上海与北京城市区域向多中心结构的转型 [J] . 国际城市规划，2008，(4): 2-6.

[58] Liu Y, Yue W, Fan P, et al. Suburban residential development in the era of market-oriented land reform: The case of Hangzhou, China [J] . Land Use Policy, 2015, 42: 233-243.

[59] Huang J, Lu X X, Sellers J M. A global comparative analysis of urban form: Applying spatial metrics and remote sensing [J] . Landscape and Urban Planning, 2007, 82 (4): 184-197.

[60] 张星星，刘勇，杨朝现. 重庆山地城市空间扩展形态的定量研究 [J] . 西南大学学报（自然科学版），2015，(10): 119-124.

[61] Bonaiuto M, Fornara F, Ariccio S, et al. Perceived residential environment quality lndicators (PREQIs) relevance for UN-HABITAT city prosperity index (CPI) [J] . Habitat International, 2015, 45: 53-63.

[62] Marans R W. Understanding environmental quality through quality of life studies: The 2001 DAS and its use of subjective and objective indicators [J] . Landscape and Urban Planning, 2003, 65 (1): 73-83.

[63] Van Kamp I, Leidelmeijer K, Marsman G, et al. Urban environmental quality and human well-being: Towards a conceptual framework and demarcation of concepts; a literature study [J] . Landscape and Urban Planning, 2003, 65 (1): 5-18.

[64] Joseph M, Wang F H, Wang L. GIS-based assessment of urban environmental quality in Port-au-Prince, Haiti [J] . Habitat International, 2014, 41: 33-40.

[65] Pacione M. Urban environmental quality and human wellbeing: A social geographical perspective [J] . Landscape and Urban Planning, 2003, 65 (1): 19-30.

[66] Chrysoulakis N, Feigenwinter C, Triantakonstantis D, et al. A conceptual list of indicators for urban planning and management based on Earth Observation [J] . ISPRS International Journal

of Geo-Information, 2014, (3): 980-1002.

[67] Torres A, Jaeger J A G, Alonso J C. Multi-scale mismatches between urban sprawl and landscape fragmentation create windows of opportunity for conservation development [J]. Landscape Ecology, 2016, 31 (10): 1-15.

[68] Bowler D E, Buyung-Ali L, Knight T M, et al. Urban greening to cool towns and cities: A systematic review of the empirical evidence [J]. Landscape and Urban Planning, 2010, 97 (3): 147-155.

[69] Romero H, Vásquez A, Fuentes C, et al. Assessing urban environmental segregation (UES). The case of Santiago de Chile [J]. Ecological Indicators, 2012, 23: 76-87.

[70] Brown A. Increasing the utility of urban environmental quality information [J]. Landscape and Urban Planning, 2003, 65 (1): 85-93.

[71] Fan P, Xu L, Yue W, et al. Accessibility of public urban green space in an urban periphery: The case of Shanghai [J]. Landscape and Urban Planning, 2017, 165: 177-192.

[72] Jr B S, Rodgers M O. Urban form and thermal efficiency: How the design of cities influences the urban heat island effect [J]. Journal of the American Planning Association, 2001, 67 (2): 186-198.

[73] Yue W, Liu Y, Fan P, et al. Assessing spatial pattern of urban thermal environment in Shanghai, China [J]. Stochastic Environmental Research and Risk Assessment, 2012, 26 (7): 899-911.

[74] 龙瀛，毛其智，杨东峰，等. 城市形态、交通能耗和环境影响集成的多智能体模型 [J]. 地理学报，2011，66 (8): 1033-1044.

[75] 黄经南，杜宁睿，刘沛，等. 住家周边土地混合度与家庭日常交通出行碳排放影响研究——以武汉市为例 [J]. 国际城市规划，2013，28 (2) 25-30:

[76] Mccarty J, Kaza N. Urban form and air quality in the United States [J]. Landscape and Urban Planning, 2015, 139: 168-179.

[77] Dorward S. Design for Mountain Communities: A Landscape and Architectural Guide [M]. New York: Van Nostrand Reinhold , 1990.

[78] 杜春兰. 关于山地城市景观学的思考 [J]. 中国科学：技术科学，2009，39 (5): 851-854.

[79] 王琦，邢忠，代伟国. 山地城市空间的三维集约生态界定 [J]. 城市规划，2006，30 (8): 52-55.

[80] Nichol J, Wong M S. Modeling urban environmental quality in a tropical city [J]. Landscape and Urban Planning, 2005, 73 (1): 49-58.

[81] 韩贵锋，赵珂，颜文涛，等. 快速城市化山地城市地表温度的多维梯度——以重庆市主城区为例 [J]. 应用生态学报，2012，23 (6): 1655-1662.

[82] B·P·克罗基乌斯. 城市与地形 [M]. 钱治国，王进益，常连责，等，译. 北京：中

国建筑工业出版社，1982.

[83] 杨俊宴，章飙，史宜．城市中心体系发展的理论框架探索［J］．城市规划学刊，2012，(1)：33-39.

[84] 郑晓伟．基于开放数据的西安城市中心体系识别与优化［J］．规划师，2017，33（1）：57-64.

[85] 杨卡．大北京人口分布格局与多中心性测度［J］．中国人口·资源与环境，2015，25(2)：83-89.

[86] 蒋丽，吴缚龙．2000—2010年广州人口空间分布变动与多中心城市空间结构演化测度［J］．热带地理，2013，33（2）：147-155.

[87] 丁成日．城市空间结构和用地模式对城市交通的影响［J］．城市交通，2010，8（5）：28-35.

[88] 孙斌栋，涂婷，石巍，等．特大城市多中心空间结构的交通绩效检验——上海案例研究［J］．城市规划学刊，2013，(2)：63-69.

[89] 王旭辉，孙斌栋．特大城市多中心空间结构的经济绩效——基于城市经济模型的理论探讨［J］．城市规划学刊，2011，(6)：20-27.

[90] 阎宏，孙斌栋．多中心城市空间结构的能耗绩效——基于我国地级及以上城市的实证研究［J］．城市发展研究，2015，22（12）：13-19.

[91] 张京祥，罗小龙，殷洁．长江三角洲多中心城市区域与多层次管治［J］．国际城市规划，2008，(1)：65-69.

[92] 朱俊成．基于共生理论的区域多中心协同发展研究［J］．经济地理，2010，30（8）：1272-1277.

[93] Timberlake M. The polycentric metropolis：Learning from mega-city regions in Europe［J］. Journal of the American Planning Association，2008，74（3）：384-385.

[94] 孙斌栋，魏旭红．上海都市区就业-人口空间结构演化特征［J］．地理学报，2014，69(6)：747-758.

[95] 张亮，岳文泽，刘勇．多中心城市空间结构的多维识别研究——以杭州为例［J］．经济地理，2017，37（6）：67-75.

[96] 吴康敏，张虹鸥，王洋，等．广州市多类型商业中心识别与空间模式［J］．地理科学进展，2016，35（8）：963-974.

[97] 郭洁，吕永强，沈体雁．基于点模式分析的城市空间结构研究——以北京都市区为例［J］．经济地理，2015，35（8）：68-74，97.

[98] Leslie T F，Uallachain B O. Polycentric phoenix［J］. Economic Geography，2006，82(2)：167-192.

[99] Hollenstein L，Purves R. Exploring place through user-generated content：Using Flickr tags to describe city cores［J］. Journal of Spatial Information Science，2010，(1)：21-48.

[100] 许泽宁，高晓路．基于电子地图兴趣点的城市建成区边界识别方法［J］．地理学报，

2016, 71 (6): 928-939.

[101] Becker R A, Caceres R, Hanson K, et al. A tale of one city: Using cellular network data for urban planning [J] . IEEE Pervasive Computing, 2011, 10 (4): 18-26.

[102] Xia Z X, Yan J. Kernel density estimation of traffic accidents in a network space [J] . Computers, Environment and Urban Systems, 2008, 32 (5): 396-406.

[103] Chu H J, Liau C J, Lin C H, et al. Integration of fuzzy cluster analysis and kernel density estimation for tracking typhoon trajectories in the Taiwan region [J] . Expert Systems with Applications, 2012, 39 (10): 9451-9457.

[104] Thurstain- Goodwin M, Unwin D. Defining and delineating the central areas of towns for statistical monitoring using continuous surface representations [J] . Transactions in GIS, 2000, 4 (4): 305-317.

[105] Okabe A, Satoh T, Sugihara K. A kernel density estimation method for networks, its computational method and a GIS- based tool [J] . International Journal of Geographical Information Science, 2009, 23 (1): 7-32.

[106] 埃比尼泽·霍华德. 明日的田园城市 [M] . 金经元, 译. 北京: 商务印书馆, 2010.

[107] Cheng H, Shaw D. Polycentric development practice in master planning: The case of China [J] . International Planning Studies, 2018, 23 (2): 163-179.

[108] Liu X J, Wang M S. How polycentric is urban China and why? A case study of 318 cities [J]. Landscape and Urban Planning, 2016, 151: 10-20.

[109] Timberlake M. The polycentric metropolis: Learning from mega-city regions in Europe [J] . Journal of the American Planning Association, 2008, 74 (3): 384-385.

[110] Huang D Q, Liu Z, Zhao X S, et al. Emerging polycentric megacity in China: An examination of employment subcenters and their influence on population distribution in Beijing [J] . Cities, 2017, 69: 36-45.

[111] Gordon P, Richardson H W. Employment decentralization in US metropolitan areas: Is Los Angeles an outlier or the norm? [J] . Environment and Planning A, 1996, 28 (10): 1727-1743.

[112] Li J, Long Y, Dang A R. Live- Work- Play Centers of Chinese cities: Identification and temporal evolution with emerging data [J] . Computers, Environment and Urban Systems, 2018, 71: 58-66.

[113] Wen H Z, Tao Y L. Polycentric urban structure and housing price in the transitional China: Evidence from Hangzhou [J] . Habitat International, 2015, 46: 138-146.

[114] Cai J X, Huang B, Song Y M. Using multi-source geospatial big data to identify the structure of polycentric cities [J] . Remote Sensing of Environment, 2017, 202: 210-221.

[115] De Goei B, Burger M J, Van Oort F G, et al. Functional polycentrism and urban network development in the Greater South East, United Kingdom: Evidence from commuting patterns,

1981-2001 [J]. Regional Studies, 2010, 44 (9): 1149-1170.

[116] Yang L, Wang Y Q, Bai Q, et al. Urban form and travel patterns by commuters: Comparative case study of Wuhan and Xi'an, China [J]. Journal of Urban Planning and Development, 2018, 144 (1): 05017014.

[117] Liu J, Zhao X, Lin J. Analysis of anthropogenic heat discharge of urban functional regions based on surface energy balance in Xiamen Island [J]. Journal of Geo-Information Science, 2018, 20 (7): 1026-1036.

[118] Liu Z, Liu S. Polycentric development and the role of urban polycentric planning in China's mega cities: An examination of Beijing's metropolitan area [J]. Sustainability, 2018, 10 (5): 1588.

[119] 吴志强，叶锺楠．基于百度地图热力图的城市空间结构研究——以上海中心城区为例 [J]．城市规划，2016，40 (4)：33-40.

[120] 黄洁，王姣娥，靳海涛，等．北京市地铁客流的时空分布格局及特征——基于智能交通卡数据 [J]．地理科学进展，2018，37 (3)：397-406.

[121] 钟炜菁，王德，谢栋灿，等．上海市人口分布与空间活动的动态特征研究——基于手机信令数据的探索 [J]．地理研究，2017，36 (5)：972-984.

[122] 丁亮，钮心毅，宋小冬．上海中心城区商业中心空间特征研究 [J]．城市规划学刊，2017，(1)：63-70.

[123] 李峰清，赵民，吴梦笛，等．论大城市“多中心”空间结构的“空间绩效”机理——基于厦门 LBS 画像数据和常规普查数据的研究 [J]．城市规划学刊，2017，(5)：21-32.

[124] Chen Y M, Liu X P, Li X, et al. Delineating urban functional areas with building-level social media data: A dynamic time warping (DTW) distance based k-medoids method [J]. Landscape and Urban Planning, 2017, 160: 48-60.

[125] 段亚明，刘勇，刘秀华，等．基于 POI 大数据的重庆主城区多中心识别 [J]．自然资源学报，2018，33 (5)：788-800.

[126] Liu Y, Yue W Z, Fan P L, et al. Assessing the urban environmental quality of mountainous cities: A case study in Chongqing, China [J]. Ecological Indicators, 2017, 81: 132-145.

[127] 于涛方，吴唯佳．单中心还是多中心：北京城市就业次中心研究 [J]．城市规划学刊，2016，(3)：21-29.

[128] 易峥．重庆组团式城市结构的演变和发展 [J]．规划师，2004，(9)：33-36.

[129] 谭欣，黄大全，赵星烁，等．基于百度热力图的职住平衡度量研究 [J]．北京师范大学学报（自然科学版），2016，52 (5)：622-627，534.

[130] Ewing R, Pendall R, Chen D. Measuring Sprawl and Its Impact [M]. Washington: Smart Growth America, 2002.

[131] Dowling T J. Reflections on urban sprawl, smart growth, and the Fifth Amendment [J].

University of Pennsylvania Law Review, 2000, 148 (3): 873-887.

[132] Pendall R. Do land-use controls cause sprawl [J]. Environment and Planning B: Planning and Design, 1999, 26 (4): 555-571.

[133] Gillham O. The Limitless City: A Primer on the Urban Sprawl Debate [M]. Washington: Island Press, 2002.

[134] Ewing R, Hamidi S. Compactness versus sprawl: A review of recent evidence from the United States [J]. Journal of Planning Literature, 2015, 30 (4): 413-432.

[135] Ewing R H. Characteristics, causes, and effects of sprawl: A literature review [J]. Urban Ecology, 2008, (1): 519-535.

[136] Wu Q, Li H Q, Wang R S, et al. Monitoring and predicting land use change in Beijing using remote sensing and GIS [J]. Landscape and Urban Planning, 2006, 78 (4): 322-333.

[137] Wang L G, Han H, Lai S K. Do plans contain urban sprawl: A comparison of Beijing and Taipei [J]. Habitat International, 2014, 42: 121-130.

[138] Du J, Thill J C, Peiser R B, et al. Urban land market and land-use changes in post-reform China: A case study of Beijing [J]. Landscape and Urban Planning, 2014, 124: 118-128.

[139] Zhao P. Managing urban growth in a transforming China: Evidence from Beijing [J]. Land Use Policy, 2011, 28 (1): 96-109.

[140] Liu Y, Fan P L, Yue W Z, et al. Impacts of land finance on urban sprawl in China: The case of Chongqing [J]. Land Use Policy, 2018, 72: 420-432.

[141] Gennaio M P, Hersperger A M, Burgi M. Containing urban sprawl-evaluating effectiveness of urban growth boundaries set by the Swiss Land Use Plan [J]. Land Use Policy, 2009, 26 (2): 224-232.

[142] Woo M, Guldmann J M. Impacts of urban containment policies on the spatial structure of US metropolitan areas [J]. Urban Studies, 2011, 48 (16): 3511-3536.

[143] Liang X, Liu X P, Li X, et al. Delineating multi-scenario urban growth boundaries with a CA-based FLUS model and morphological method [J]. Landscape and Urban Planning, 2018, 177: 47-63.

[144] Tan R H, Liu P C, Zhou K H, et al. Evaluating the effectiveness of development-limiting boundary control policy: Spatial difference-in-difference analysis [J]. Land Use Policy, 2022, 120: 106229.

[145] Weitz J, Moore T. Development inside urban growth boundaries-Oregon's empirical evidence of contiguous urban form [J]. Journal of the American Planning Association, 1998, 64 (4): 424-440.

[146] Amer M S, Majid M R, Ledraa T A. The Riyadh urban growth boundary: An analysis of the factors affecting its efficiency on restraining sprawl [J]. International Journal of Built Environment and Sustainability, 2021, 8 (3): 17-25.

[147] Moore T, Nelson A C. Lessons for effective urban-containment and resource-land-preservation policy [J]. Journal of Urban Planning and Development, 1994, 120 (4): 157-171.

[148] Wassmer R W. The influence of local urban containment policies and statewide growth management on the size of united states urban areas [J]. Journal of Regional Science, 2006, 46 (1): 25-65.

[149] Hepinstall-Cymerman J, Coe S, Hutyra L R. Urban growth patterns and growth management boundaries in the Central Puget Sound, Washington, 1986-2007 [J]. Urban Ecosystems, 2013, 16 (1): 109-129.

[150] Jun M J. The effects of Portland's urban growth boundary on urban development patterns and commuting [J]. Urban Studies, 2004, 41 (7): 1333-1348.

[151] Schuster Olbrich J P, Vich G, Miralles-Guasch C, et al. Urban sprawl containment by the urban growth boundary: The case of the Regulatory Plan of the Metropolitan Region of Santiago of Chile [J]. Journal of Land Use Science, 2022, 17 (1): 324-338.

[152] Han H, Lai S, Dang A, et al. Effectiveness of urban construction boundaries in Beijing: An assessment [J]. Journal of Zhejiang University-Science A, 2009, 10 (9): 1285-1295.

[153] Tan R, Xu S. Urban growth boundary and subway development: A theoretical model for estimating their joint effect on urban land price [J]. Land Use Policy, 2023, 129: 106641.

[154] Nelson A C, Dawkins C J, Sanchez T W. Urban containment and residential segregation: A preliminary investigation [J]. Urban Studies, 2004, 41 (2): 423-439.

[155] Knaap G J. The price effects of urban-growth boundaries in Metropolitan Portland, Oregon [J]. Land Economics, 1985, 61 (1): 26-35.

[156] Nelson A C, Moore T. Assessing growth management policy implementation: Case study of the United States' leading growth management state [J]. Land Use Policy, 1996, 13 (4): 241-259.

[157] Galster G, Hanson R, Ratcliffe M R, et al. Wrestling sprawl to the ground: Defining and measuring an elusive concept [J]. Housing Policy Debate, 2001, 12 (4): 681-717.

[158] Long Y, Han H Y, et al. Evaluating the effectiveness of urban growth boundaries using human mobility and activity records [J]. Cities, 2015, 46: 76-84.

[159] Liu Y, Zhao W, Liao R, et al. Process analysis of inter-governmental negotiation in delineating permanent prime farmland around cities: The case of Chongqing, China [J]. Land Use Policy, 2021, 111: 105747.

[160] Yang Y Z, Zhang L, Ye Y M, et al. Curbing sprawl with development-limiting boundaries in Urban China: A review of literature [J]. Journal of Planning Literature, 2020, 35 (1): 25-40.

[161] Yue W Z, Wang T Y, Liu Y, et al. Mismatch of morphological and functional polycentricity in Chinese cities: An evidence from land development and functional linkage [J]. Land Use

Policy, 2019, 88: 104176.

[162] Zhao Z L, Guan D J, Du C L. Urban growth boundaries delineation coupling ecological constraints with a growth-driven model for the main urban area of Chongqing, China [J]. Geojournal, 2020, 85 (4): 1115-1131.

[163] Li Y H, Ma Q W, Song Y, et al. Bringing conservation priorities into urban growth simulation: An integrated model and applied case study of Hangzhou, China [J]. Resources Conservation and Recycling, 2019, 140: 324-337.

[164] Roodposhti M S, Hewitt R J, Bryan B A. Towards automatic calibration of neighbourhood influence in cellular automata land-use models [J]. Computers, Environment and Urban Systems, 2020, 79: 101416.

[165] Tong X, Feng Y. A review of assessment methods for cellular automata models of land-use change and urban growth [J]. International Journal of Geographical Information Science, 2020, 34 (5): 866-898.

[166] Shojaei H, Nadi S, Shafizadeh-Moghadam H, et al. An efficient built-up land expansion model using a modified U-Net [J]. International Journal of Digital Earth, 2022, 15 (1): 148-163.

[167] Wang J, Hadjikakou M, Hewitt R J, et al. Simulating large-scale urban land-use patterns and dynamics using the U-Net deep learning architecture [J]. Computers, Environment and Urban Systems, 2022, 97: 101855.

[168] Reichstein M, Camps-Valls G, Stevens B, et al. Deep learning and process understanding for data-driven Earth system science [J]. Nature, 2019, 566 (7743): 195-204.

[169] Chen Y D, Guo F, Wang J C, et al. Provincial and gridded population projection for China under shared socioeconomic pathways from 2010 to 2100 [J]. Scientific Data, 2020, 7 (1): 83.

[170] 姜彤，赵晶，曹丽格，等. 共享社会经济路径下中国及分省经济变化预测 [J]. 气候变化研究进展，2018，14 (1)：50-58.

[171] He J, Yang K, Tang W J, et al. The first high-resolution meteorological forcing dataset for land process studies over China [J]. Scientific Data, 2020, 7 (1): 1-11.

[172] Wang J Z, Hadjikakou M, Bryan B A. Consistent, accurate, high resolution, long time-series mapping of built-up land in the North China Plain [J]. Giscience & Remote Sensing, 2021, 58 (7): 982-998.

[173] Xu G, Zhou Z Z, Jiao L M, et al. Compact urban form and expansion pattern slow down the decline in urban densities: A global perspective [J]. Land Use Policy, 2020, 94: 104563.

[174] O'Neill B C, Kriegler E, Riahi K, et al. A new scenario framework for climate change research: The concept of shared socioeconomic pathways [J]. Climatic Change, 2014, 122 (3): 387-400.

[175] Kriegler E, Edmonds J, Hallegatte S, et al. A new scenario framework for climate change research: The concept of shared climate policy assumptions [J]. Climatic Change, 2014, 122 (3): 401-414.

[176] Horn A, Van Eeden A. Measuring sprawl in the Western Cape Province, South Africa: An urban sprawl index for comparative purposes [J]. Regional Science Policy and Practice, 2018, 10 (1): 15-23.

[177] Deng Y, Qi W, Fu B J, et al. Geographical transformations of urban sprawl: Exploring the spatial heterogeneity across cities in China 1992-2015 [J]. Cities, 2020, 105: 102415.

[178] Gao B, Huang Q X, He C Y, et al. How does sprawl differ across cities in China: A multi-scale investigation using nighttime light and census data [J]. Landscape and Urban Planning, 2016, 148: 89-98.

[179] McGarigal K, Marks B J. FRAGSTATS: Spatial pattern analysis program for quantifying landscape structure [R] Portland, OR: U. S. Department of Agriculture, Forest Service, Pacific Northwest Research Station, Gen. Tech. Rep. PNW-GTR-351, 1995.

[180] Liu X P, Li X, Chen Y M, et al. A new landscape index for quantifying urban expansion using multi- temporal remotely sensed data [J]. Landscape Ecology, 2010, 25 (5): 671-682.

[181] Liu X, Ming Y J, Liu Y, et al. Influences of landform and urban form factors on urban heat island: Comparative case study between Chengdu and Chongqing [J]. Science of the Total Environment, 2022, 820: 153395.

[182] Schneider A, Seto K C, Webster D R. Urban growth in Chengdu, Western China: Application of remote sensing to assess planning and policy outcomes [J]. Environment and Planning B: Planning and Design, 2005, 32 (3): 323-345.

[183] Peng W F, Wang G J, Zhou J M, et al. Studies on the temporal and spatial variations of urban expansion in Chengdu, Western China, from 1978 to 2010 [J]. Sustainable Cities and Society, 2015, 17: 141-150.

[184] He X D, Mai X M, Shen G Q. Delineation of urban growth boundaries with SD and CLUE-s models under multi- scenarios in Chengdu metropolitan area [J]. Sustainability, 2019, 21 (11): 1-13.

[185] Cao Y, Bai Z, Zhou W, et al. Gradient analysis of urban construction land expansion in the Chongqing Urban Area of China [J]. Journal of Urban Planning and Development, 2015, 141 (1): 05014009.

[186] Ball M, Cigdem M, Taylor E, et al. Urban growth boundaries and their impact on land prices [J]. Environment and Planning A-Economy and Space, 2014, 46 (12): 3010-3026.

[187] Mubarak F A. Urban growth boundary policy and residential suburbanization: Riyadh, Saudi Arabia [J]. Habitat International, 2004, 28 (4): 567-591.

[188] Wang W L, Jiao L M, Zhang W N, et al. Delineating urban growth boundaries under multi-objective and constraints [J]. Sustainable Cities and Society, 2020, 61: 102279.

[189] Long Y, Han H, Lai S-K, et al. Urban growth boundaries of the Beijing Metropolitan Area: Comparison of simulation and artwork [J]. Cities, 2013, 31: 337-348.

[190] Liu T, Huang D Q, Tan X, et al. Planning consistency and implementation in urbanizing China: Comparing urban and land use plans in suburban Beijing [J]. Land Use Policy, 2020, 94: 104498.

[191] He Q S, Tan R H, Gao Y, et al. Modeling urban growth boundary based on the evaluation of the extension potential: A case study of Wuhan city in China [J]. Habitat International, 2018, 72: 57-65.

[192] Huang M, Wang Z, Pan X, et al. Delimiting China's urban growth boundaries under localized shared socioeconomic pathways and various urban expansion modes [J]. Earth's Future, 2022, 10 (6): e2021EF002572.

[193] Qian Y, Xing W, Guan X, et al. Coupling cellular automata with area partitioning and spatiotemporal convolution for dynamic land use change simulation [J]. Science of the Total Environment, 2020, 722: 137738.

[194] Xia C, Zhang B. Exploring the effects of partitioned transition rules upon urban growth simulation in a megacity region: A comparative study of cellular automata-based models in the Greater Wuhan Area [J]. GIScience & Remote Sensing, 2021, 58 (5): 693-716.

[195] Sallustio L, Quatrini V, Geneletti D, et al. Assessing land take by urban development and its impact on carbon storage: Findings from two case studies in Italy [J]. Environmental Impact Assessment Review, 2015, 54: 80-90.

[196] Lai L, Huang X J, Yang H, et al. Carbon emissions from land-use change and management in China between 1990 and 2010 [J]. Science Advances, 2016, 2 (11): e1601063.

[197] Churkina G. The role of urbanization in the global carbon cycle [J]. Frontiers in Ecology and Evolution, 2016, 144: 1-9.

[198] Delphin S, Escobedo F J, Abd-Elrahman A, et al. Urbanization as a land use change driver of forest ecosystem services [J]. Land Use Policy, 2016, 54: 188-199.

[199] Liu X P, Wang S J, Wu P J, et al. Impacts of urban expansion on terrestrial carbon storage in China [J]. Environmental Science & Technology, 2019, 53 (12): 6834-6844.

[200] Mendoza-Ponce A, Corona-Nunez R, Kraxner F, et al. Identifying effects of land use cover changes and climate change on terrestrial ecosystems and carbon stocks in Mexico [J]. Global Environmental Change-Human and Policy Dimensions, 2018, 53: 12-23.

[201] Guan D, Peters G P, Weber C L, et al. Journey to world top emitter: An analysis of the driving forces of China's recent CO_2 emissions surge [J]. Geophysical Research Letters, 2009, 36: L04709.

[202] Shan Y L, Guan D B, Liu J H, et al. Methodology and applications of city level CO_2 emission accounts in China [J]. Journal of Cleaner Production, 2017, 161: 1215-1225.

[203] Huang R, Zhang S F, Wang P. Key areas and pathways for carbon emissions reduction in Beijing for the "Dual Carbon" targets [J]. Energy Policy, 2022, 164: 112873.

[204] Yang X, Zheng X Q, Lv L N. A spatiotemporal model of land use change based on ant colony optimization, Markov chain and cellular automata [J]. Ecological Modelling, 2012, 233: 11-19.

[205] He C Y, Shi P J, Chen J, et al. Developing land use scenario dynamics model by the integration of system dynamics model and cellular automata model [J]. Science in China Series D-Earth Sciences, 2005, 48 (11): 1979-1989.

[206] Mas J F, Kolb M, Paegelow M, et al. Inductive pattern-based land use/cover change models: A comparison of four software packages [J]. Environmental Modelling & Software, 2014, 51: 94-111.

[207] Ren Y J, Lu Y H, Comber A, et al. Spatially explicit simulation of land use/land cover changes: Current coverage and future prospects [J]. Earth-Science Reviews, 2019, 190: 398-415.

[208] Zhao M M, He Z B, Du J, et al. Assessing the effects of ecological engineering on carbon storage by linking the CA-Markov and InVEST models [J]. Ecological Indicators, 2019, 98: 29-38.

[209] Wang J Z, Zhang Q, Gou T J, et al. Spatial-temporal changes of urban areas and terrestrial carbon storage in the Three Gorges Reservoir in China [J]. Ecological Indicators, 2018, 95: 343-352.

[210] He C Y, Zhang D, Huang Q X, et al. Assessing the potential impacts of urban expansion on regional carbon storage by linking the LUSD-urban and InVEST models [J]. Environmental Modelling & Software, 2016, 75: 44-58.

[211] Liu Y S, Zhou Y. Territory spatial planning and national governance system in China [J]. Land Use Policy, 2021, 102: 105288.

[212] Xu X B, Tan Y, Yang G S, et al. China's ambitious ecological red lines [J]. Land Use Policy, 2018, 79: 447-451.

[213] Ma S F, Li X, Cai Y M. Delimiting the urban growth boundaries with a modified ant colony optimization model [J]. Computers, Environment and Urban Systems, 2017, 62: 146-155.

[214] Deng Y, Fu B J, Sun C Z. Effects of urban planning in guiding urban growth: Evidence from Shenzhen, China [J]. Cities, 2018, 83: 118-128.

[215] Hersperger A M, Oliveira E, Pagliarin S, et al. Urban land-use change: The role of strategic spatial planning [J]. Global Environmental Change-Human and Policy Dimensions, 2018,

51: 32-42.

[216] Wang S H, Huang S L, Huang P J. Can spatial planning really mitigate carbon dioxide emissions in urban areas? A case study in Taipei, Taiwan [J] . Landscape and Urban Planning, 2018, 169: 22-36.

[217] Liu X P, Liang X, Li X, et al. A future land use simulation model (FLUS) for simulating multiple land use scenarios by coupling human and natural effects [J] . Landscape and Urban Planning, 2017, 168: 94-116.

[218] Zhang J, Li X C, Zhang C C, et al. Assessing spatiotemporal variations and predicting changes in ecosystem service values in the Guangdong- Hong Kong- Macao Greater Bay Area [J] . Giscience & Remote Sensing, 2022, 59 (1): 184-199.

[219] Xu T T, Gao J, Coco G. Simulation of urban expansion via integrating artificial neural network with Markov chain- cellular automata [J] . International Journal of Geographical Information Science, 2019, 33 (10): 1960-1983.

[220] Yue W Z, Xiong J H, Liu Y, et al. Ecosystem services dynamics towards SDGs in the belt and road Initiative cities [J] . Progress in Physical Geography- Earth and Environment, 2022, 47 (3): 395-413.

[221] Zhou L, Dang X W, Sun Q K, et al. Multi- scenario simulation of urban land change in Shanghai by random forest and CA- Markov model [J] . Sustainable Cities and Society, 55 (1): 102045.

[222] Li C, Wu Y M, Gao B P, et al. Multi-scenario simulation of ecosystem service value for optimization of land use in the Sichuan- Yunnan ecological barrier, China [J] . Ecological Indicators, 2021, 132: 108328.

[223] Xu T T, Gao J, Li Y H. Machine learning- assisted evaluation of land use policies and plans in a rapidly urbanizing district in Chongqing, China [J] . Land Use Policy, 2019, 87: 104030.

[224] Mitsova D, Shuster W, Wang X H. A cellular automata model of land cover change to integrate urban growth with open space conservation [J] . Landscape and Urban Planning, 2011, 99 (2): 141-153.

[225] Polasky S, Nelson E, Pennington D, et al. The impact of land- use change on ecosystem services, biodiversity and returns to landowners: A case study in the State of Minnesota [J] . Environmental & Resource Economics, 2011, 48 (2): 219-242.

[226] Chuai X W, Huang X J, Lai L, et al. Land use structure optimization based on carbon storage in several regional terrestrial ecosystems across China [J] . Environmental Science & Policy, 2013, 25: 50-61.

[227] 虎帅，张学儒，官冬杰. 基于InVEST模型重庆市建设用地扩张的碳储量变化分析 [J]. 水土保持研究，2018，25：323-331.

[228] 郜红娟，韩会庆，张朝琼，等. 乌江流域贵州段2000—2010年土地利用变化对碳储量的影响 [J]. 四川农业大学学报，2016，34：48-53.

[229] Li K R，Wang S Q，Cao M K. Vegetation and soil carbon storage in China [J]. Science in China Series D-Earth Sciences，2004，47 (1)：49-57.

[230] 王鹏程，邢乐杰，肖文发，等. 三峡库区森林生态系统有机碳密度及碳储量 [J]. 生态学报，2009，29：97-107.

[231] 罗怀良，袁道先，陈浩. 南川市三泉镇岩溶区农田生态系统植被碳库的动态变化 [J]. 中国岩溶，2008，27：382-387.

[232] 解宪丽，孙波，周慧珍，等. 中国土壤有机碳密度和储量的估算与空间分布分析 [J]. 土壤学报，2004，41：35-43.

[233] 郭晶晶，夏学齐，杨忠芳，等. 长江流域典型区域土壤碳库变化及其影响因素 [J]. 地学前缘，2015，22：241-250.

[234] 揣小伟，黄贤金，郑泽庆，等. 江苏省土地利用变化对陆地生态系统碳储量的影响 [J]. 资源科学，2011，33：1932-1939.

[235] Feng R D，Wang F Y，Wang K Y. Spatial-temporal patterns and influencing factors of ecological land degradation-restoration in Guangdong-Hong Kong-Macao Greater Bay Area [J]. Science of the Total Environment，2021，794：148671.

[236] Gong J Z，Hu Z R，Chen W L，et al. Urban expansion dynamics and modes in metropolitan Guangzhou，China [J]. Land Use Policy，2018，72：100-109.

[237] Ming Y J，Liu Y，Liu X. Spatial pattern of anthropogenic heat flux in monocentric and polycentric cities：The case of Chengdu and Chongqing [J]. Sustainable Cities and Society，2022，78：103628.

[238] De Sy V，Herold M，Achard F，et al. Land use patterns and related carbon losses following deforestation in South America [J]. Environmental Research Letters，2015，10 (12)：124004.

[239] Chen Y，Yue W Z，Liu X，et al. Multi-scenario simulation for the consequence of urban expansion on carbon storage：A comparative study in Central Asian Republics [J]. Land，2021，10 (6)：1-17.

[240] Wang Z，Zeng J，Chen W X. Impact of urban expansion on carbon storage under multi-scenario simulations in Wuhan，China [J]. Environmental Science and Pollution Research，2022，29 (30)：45507-45526.

[241] Tan Y Z，Chen H，Xiao W，et al. Influence of farmland marginalization in mountainous and hilly areas on land use changes at the county level [J]. Science of the Total Environment，2021，794：149576.

[242] Luo Y L，Shen J，Chen A F，et al. Loss of organic carbon in suburban soil upon urbanization of Chengdu megacity，China [J]. Science of the Total Environment，2021，785：147209.

[243] Mansour S, Al-Belushi M, Al-Awadhi T. Monitoring land use and land cover changes in the mountainous cities of Oman using GIS and CA-Markov modelling techniques [J]. Land Use Policy, 2020, 91: 104414.

[244] Jiang W G, Deng Y, Tang Z H, et al. Modelling the potential impacts of urban ecosystem changes on carbon storage under different scenarios by linking the CLUE-S and the InVEST models [J]. Ecological Modelling, 2017, 345: 30-40.

[245] Jia L Y, Ma Q, Du C L, et al. Rapid urbanization in a mountainous landscape: Patterns, drivers, and planning implications [J]. Landscape Ecology, 2020, 35 (11): 2449-2469.

[246] Liu Y, Fan P L, Yue W Z, et al. Assessing polycentric urban development in mountainous cities: The case of Chongqing Metropolitan Area, China [J]. Sustainability, 2019, 11 (10): 1-15.

[247] Tang L P, Ke X L, Zhou Q S, et al. Projecting future impacts of cropland reclamation policies on carbon storage [J]. Ecological Indicators, 2020, 119: 106835.

[248] Zhang H, Deng W, Zhang S Y, et al. Impacts of urbanization on ecosystem services in the Chengdu-Chongqing Urban Agglomeration: Changes and trade-offs [J]. Ecological Indicators, 2022, 139: 108920.

[249] Rizwan A M, Leung D Y, Chunho L. A review on the generation, determination and mitigation of urban heat island [J]. Journal of Environmental Sciences, 2008, 20 (1): 120-128.

[250] Susca T, Gaffin S R, Dell'Osso G R. Positive effects of vegetation: Urban heat island and green roofs [J]. Environmental Pollution, 2011, 159 (8-9): 2119-2126.

[251] Hong J W, Hong J, Kwon E E, et al. Temporal dynamics of urban heat island correlated with the socio-economic development over the past half-century in Seoul, Korea [J]. Environmental Pollution, 2019, 254: 112934.

[252] Kim S W, Brown R D. Urban heat island (UHI) intensity and magnitude estimations: A systematic literature review [J]. Science of the Total Environment, 2021, 779: 146389.

[253] Liu X, Zhou Y Y, Yue W Z, et al. Spatiotemporal patterns of summer urban heat island in Beijing, China using an improved land surface temperature [J]. Journal of Cleaner Production, 2020, 257: 120529.

[254] Yue W Z, Liu X, Zhou Y Y, et al. Impacts of urban configuration on urban heat island: An empirical study in China mega-cities [J]. Science of the Total Environment, 2019, 671: 1036-1046.

[255] Peng S S, Piao S L, Ciais P, et al. Surface urban heat island across 419 global big cities [J]. Environmental Science & Technology, 2012, 46 (2): 696-703.

[256] Yue W Z, Qiu S S, Xu H, et al. Polycentric urban development and urban thermal environment: A case of Hangzhou, China [J]. Landscape and Urban Planning, 2019,

189: 58-70.

[257] Hsu A, Sheriff G, Chakraborty T, et al. Disproportionate exposure to urban heat island intensity across major US cities [J]. Nature Communications, 2021, 12 (1): 2721.

[258] Halder B, Bandyopadhyay J, Banik P. Monitoring the effect of urban development on urban heat island based on remote sensing and geo-spatial approach in Kolkata and adjacent areas, India [J]. Sustainable Cities and Society, 2021, 74: 103186.

[259] Dewan A, Kiselev G, Botje D, et al. Surface urban heat island intensity in five major cities of Bangladesh: Patterns, drivers and trends [J]. Sustainable Cities and Society, 2021, 71: 102926.

[260] Zhao X, Li N, Ma C. Residential energy consumption in urban China: A decomposition analysis [J]. Energy Policy, 2012, 41: 644-653.

[261] Chen B, Shi G. Estimation of the distribution of global anthropogenic heat flux [J]. Atmospheric and Oceanic Science Letters, 2012, 5: 108-112.

[262] Liu X, Yue W, Yang X, et al. Mapping urban heat vulnerability of extreme heat in Hangzhou via comparing two approaches [J]. Complexity, 2020, 33: 1-16.

[263] Zhou D, Zhao S, Liu S, et al. Surface urban heat island in China's 32 major cities: Spatial patterns and drivers [J]. Remote Sensing of Environment, 2014, 152: 51-61.

[264] Debbage N, Shepherd J M. The urban heat island effect and city contiguity [J]. Computers, Environment and Urban Systems, 2015, 54: 181-194.

[265] Okumus D E, Terzi F. Evaluating the role of urban fabric on surface urban heat island: The case of Istanbul [J]. Sustainable Cities and Society, 2021, 73: 103128.

[266] Liu H, Huang B, Zhan Q, et al. The influence of urban form on surface urban heat island and its planning implications: Evidence from 1288 urban clusters in China [J]. Sustainable Cities and Society, 2021, 71: 102987.

[267] Zhou B, Rybski D, Kropp J P. The role of city size and urban form in the surface urban heat island [J]. Scientific Reports, 2017, 7: 4791.

[268] Liang Z, Wu S Y, Wang Y Y, et al. The relationship between urban form and heat island intensity along the urban development gradients [J]. Science of the Total Environment, 2020, 708: 135011.

[269] Stone B, Rodgers M O. Urban form and thermal efficiency: How the design of cities influences the urban heat island effect [J]. Journal of the American Planning Association, 2001, 67 (2): 186-198.

[270] Stone B, Hess J J, Frumkin H. Urban form and extreme heat events: Are sprawling cities more vulnerable to climate change than compact cities [J]. Environmental Health Perspectives, 2010, 118 (10): 1425-1428.

[271] Yang L, Niyogi D, Tewari M, et al. Contrasting impacts of urban forms on the future thermal

environment: Example of Beijing metropolitan area [J]. Environmental Research Letters, 2016, 11 (3): 34018.

[272] Li Y, Liu X. How did urban polycentricity and dispersion affect economic productivity? A case study of 306 Chinese cities [J]. Landscape and Urban Planning, 2018, 173: 51-59.

[273] Sun B, Li W, Zhang Z, et al. Is polycentricity a promising tool to reduce regional economic disparities? Evidence from China's prefectural regions [J]. Landscape and Urban Planning, 2019, 192: 103667.

[274] Liu X, Yue W, Zhou Y, et al. Estimating multi-temporal anthropogenic heat flux based on the top-down method and temporal downscaling methods in Beijing, China [J]. Resources, Conservation and Recycling, 2021, 172: 105682.

[275] Sweet M N, Bullivant B, Kanaroglou P S. Are major canadian city-regions monocentric, polycentric, or dispersed? [J]. Urban Geography, 2017, 38 (3): 445-471.

[276] Zhang T, Sun B, Li W. The economic performance of urban structure: From the perspective of Polycentricity and Monocentricity [J]. Cities, 2017, 68: 18-24.

[277] Wang T, Yue W, Ye X, et al. Re-evaluating polycentric urban structure: A functional linkage perspective [J]. Cities, 2020, 101: 102672.

[278] Lin D, Allan A, Cui J. The impact of polycentric urban development on commuting behaviour in urban China: Evidence from four sub-centres of Beijing [J]. Habitat International, 2015, 50: 195-205.

[279] Huang J, Levinson D, Wang J, et al. Job-worker spatial dynamics in Beijing: Insights from Smart Card Data [J]. Cities, 2019, 86: 83-93.

[280] Adachi S A, Kimura F, Kusaka H, et al. Moderation of summertime heat island phenomena via modification of the urban form in the Tokyo metropolitan area [J]. Journal of Applied Meteorology and Climatology, 2014, 53 (8): 1886-1900.

[281] World Bank. China- Chongqing Urban Environment Project [R]. Washington: World Bank, 2010.

[282] Li G D, Zhang X, Mirzaei P A, et al. Urban heat island effect of a typical valley city in China: Responds to the global warming and rapid urbanization [J]. Sustainable Cities and Society, 2018, 38: 736-745.

[283] Equere V, Mirzaei P A, Riffat S, et al. Integration of topological aspect of city terrains to predict the spatial distribution of urban heat island using GIS and ANN [J]. Sustainable Cities and Society, 2021, 69: 102825.

[284] Guo J M, Han G F, Xie Y S, et al. Exploring the relationships between urban spatial form factors and land surface temperature in mountainous area: A case study in Chongqing city, China [J]. Sustainable Cities and Society, 2020, 61: 102286.

[285] Liao D Q, Zhu H N, Jiang P. Study of urban heat island index methods for urban

agglomerations (hilly terrain) in Chongqing [J]. Theoretical and Applied Climatology, 2021, 143 (1-2): 279-289.

[286] Li Z, Liu L, Dong X, et al. The study of regional thermal environments in urban agglomerations using a new method based on metropolitan areas [J]. Science of the Total Environment, 2019, 672: 370-380.

[287] Yao R, Wang L C, Huang X, et al. The influence of different data and method on estimating the surface urban heat island intensity [J]. Ecological Indicators, 2018, 89: 45-55.

[288] Mirzaei P A. Recent challenges in modeling of urban heat island [J]. Sustainable Cities and Society, 2015, 19: 200-206.

[289] Wen X P, Yang X F, Hu G D. Relationship between land cover ratio and urban heat island from remote sensing and automatic weather stations data [J]. Journal of the Indian Society of Remote Sensing, 2011, 39 (2): 193-201.

[290] Zhou W Q, Huang G L, Cadenasso M L. Does spatial configuration matter? Understanding the effects of land cover pattern on land surface temperature in urban landscapes [J]. Landscape and Urban Planning, 2011, 102 (1): 54-63.

[291] Du H Y, Wang D D, Wang Y Y, et al. Influences of land cover types, meteorological conditions, anthropogenic heat and urban area on surface urban heat island in the Yangtze River Delta Urban Agglomeration [J]. Science of the Total Environment, 2016, 571: 461-470.

[292] Mathew A, Khandelwal S, Kaul N. Investigating spatio- temporal surface urban heat island growth over Jaipur city using geospatial techniques [J]. Sustainable Cities and Society, 2018, 40: 484-500.

[293] Kuang W H, Liu Y, Dou Y Y, et al. What are hot and what are not in an urban landscape: Quantifying and explaining the land surface temperature pattern in Beijing, China [J]. Landscape Ecology, 2015, 30 (2): 357-373.

[294] Cai Z, Han G F, Chen M C. Do water bodies play an important role in the relationship between urban form and land surface temperature [J]. Sustainable Cities and Society, 2018, 39: 487-498.

[295] Moyer A N, Hawkins T W. River effects on the heat island of a small urban area [J]. Urban Climate, 2017, 21: 262-277.

[296] Cui Y, Yan D, Hong T Z, et al. Temporal and spatial characteristics of the urban heat island in Beijing and the impact on building design and energy performance [J]. Energy, 2017, 130: 286-297.

[297] Guo A D, Yang J, Xiao X M, et al. Influences of urban spatial form on urban heat island effects at the community level in China [J]. Sustainable Cities and Society, 2020, 53: 101972.

[298] Li Y Y, Zhang H, Kainz W. Monitoring patterns of urban heat islands of the fast-growing Shanghai metropolis, China: Using time-series of Landsat TM/ETM + data [J]. International Journal of Applied Earth Observation and Geoinformation, 2012, 19: 127-138.

[299] Mathew A, Sreekumar S, Khandelwal S, et al. Prediction of surface temperatures for the assessment of urban heat island effect over Ahmedabad city using linear time series model [J]. Energy and Buildings, 2016, 128: 605-616.

[300] Tang J M, Di L P, Xiao J F, et al. Impacts of land use and socioeconomic patterns on urban heat Island [J]. International Journal of Remote Sensing, 2017, 38 (11): 3445-3465.

[301] Xu L L, Cui S H, Tang J X, et al. Assessing the adaptive capacity of urban form to climate stress: A case study on an urban heat island [J]. Environmental Research Letters, 2019, 14 (4): 044013.

[302] Peng J, Jia J L, Liu Y X, et al. Seasonal contrast of the dominant factors for spatial distribution of land surface temperature in urban areas [J]. Remote Sensing of Environment, 2018, 215: 255-267.

[303] Sun Y W, Gao C, Li J L, et al. Examining urban thermal environment dynamics and relations to biophysical composition and configuration and socio-economic factors: A case study of the Shanghai metropolitan region [J]. Sustainable Cities and Society, 2018, 40: 284-295.

[304] Huai Y, Lo H K, Ng K F. Monocentric versus polycentric urban structure: Case study in Hong Kong [J]. Transportation Research Part A: Policy and Practice, 2021, 151: 99-118.

[305] Li Y C, Xiong W T, Wang X P. Does polycentric and compact development alleviate urban traffic congestion? A case study of 98 Chinese cities [J]. Cities, 2019, 88: 100-111.

[306] Kotharkar R, Surawar M. Land use, land cover, and population density impact on the formation of canopy urban heat islands through traverse survey in the Nagpur urban area, India [J]. Journal of Urban Planning and Development, 2016, 142 (1): 04015003.

[307] Hu D, Meng Q Y, Zhang L L, et al. Spatial quantitative analysis of the potential driving factors of land surface temperature in different "Centers" of polycentric cities: A case study in Tianjin, China [J]. Science of the Total Environment, 2020, 706: 135244.

[308] Lu Y, Yue W, Liu Y, et al. Investigating the spatiotemporal non-stationary relationships between urban spatial forms and land surface temperature: A case study in Wuhan, China [J]. Sustainable Cities and Society, 2021, 72: 103070.

[309] Yin C H, Yuan M, Lu Y P, et al. Effects of urban form on the urban heat island effect based on spatial regression model [J]. Science of the Total Environment, 2018, 634: 696-704.

[310] Gong P, Li X C, Wang J, et al. Annual maps of global artificial impervious area (GAIA) between 1985 and 2018 [J]. Remote Sensing of Environment, 2020, 236: 111510.

[311] Anselin L. Spatial Econometrics : Methods and Models [M]. Dordrecht Boston: Kluwer

Academic Publishers, 1988.

[312] Wang M S, Derudder B, Liu X J. Polycentric urban development and economic productivity in China: A multiscalar analysis [J]. Environment and Planning A-Economy and Space, 2019, 51 (8): 1622-1643.

[313] Zhang T L, Sun B D, Li W, et al. Polycentricity or dispersal? The spatial transformation of metropolitan Shanghai [J]. Cities, 2019, 95: 102352.

[314] Gui X, Wang L C, Yao R, et al. Investigating the urbanization process and its impact on vegetation change and urban heat island in Wuhan, China [J]. Environmental Science and Pollution Research, 2019, 26 (30): 30808-30825.

[315] Dugord P A, Lauf S, Schuster C, et al. Land use patterns, temperature distribution, and potential heat stress risk: The case study Berlin, Germany [J]. Computers, Environment and Urban Systems, 2014, 48: 86-98.

[316] Lan Y L, Zhan Q M. How do urban buildings impact summer air temperature? The effects of building configurations in space and time [J]. Building and Environment, 2017, 125: 88-98.

[317] Lin P Y, Lau S S Y, Qin H, et al. Effects of urban planning indicators on urban heat island: A case study of pocket parks in high-rise high-density environment [J]. Landscape and Urban Planning, 2017, 168: 48-60.

[318] Pakarnseree R, Chunkao K, Bualert S. Physical characteristics of Bangkok and its urban heat island phenomenon [J]. Building and Environment, 2018, 143: 561-569.

[319] Luan X L, Yu Z W, Zhang Y T, et al. Remote sensing and social sensing data reveal scale-dependent and system-specific strengths of urban heat island determinants [J]. Remote Sensing, 2020, 12 (3): 391.

[320] Sailor D J. A review of methods for estimating anthropogenic heat and moisture emissions in the urban environment [J]. International Journal of Climatology, 2011, 31 (2): 189-199.

[321] Jin K, Wang F, Wang S. Assessing the spatiotemporal variation in anthropogenic heat and its impact on the surface thermal environment over global land areas [J]. Sustainable Cities and Society, 2020, 63: 102488.

[322] Firozjaei M K, Weng Q, Zhao C, et al. Surface anthropogenic heat islands in six megacities: An assessment based on a triple-source surface energy balance model [J]. Remote Sensing of Environment, 2020, 242: 111751.

[323] Connors J P, Galletti C S, Chow W T. Landscape configuration and urban heat island effects: Assessing the relationship between landscape characteristics and land surface temperature in Phoenix, Arizona [J]. Landscape Ecology, 2013, 28 (2): 271-283.

[324] Reid C E, O'neill M S, Gronlund C J, et al. Mapping community determinants of heat vulnerability [J]. Environmental Health Perspectives, 2009, 117 (11): 1730-1736.

[325] Chen S, Hu D, Wong M S, et al. Characterizing spatiotemporal dynamics of anthropogenic heat fluxes: A 20- year case study in Beijing- Tianjin- Hebei region in China [J]. Environmental Pollution, 2019, 249: 923-931.

[326] United Nations. World Urbanization Prospects: The 2018 Revision [R]. New York: UN Department of Economic and Social Affairs, 2018.

[327] Wong M S, Yang J, Nichol J, et al. Modeling of anthropogenic heat flux using HJ- 1B Chinese small satellite image: A study of heterogeneous urbanized areas in Hong Kong [J]. IEEE Geoscience & Remote Sensing Letters, 2015, 12 (7): 1466-1470.

[328] Yu C, Hu D, Wang S, et al. Estimation of anthropogenic heat flux and its coupling analysis with urban building characteristics: A case study of typical cities in the Yangtze River Delta, China [J]. Science of the Total Environment, 2021, 774: 145805.

[329] Chen X, Zhang S, Ruan S. Polycentric structure and carbon dioxide emissions: Empirical analysis from provincial data in China [J]. Journal of Cleaner Production, 2021, 278: 123411.

[330] Rinner C, Hussain M. Toronto's urban heat island-exploring the relationship between land use and surface temperature [J]. Remote Sensing, 2011, 3 (6): 1251-1265.

[331] Li L, Tan Y, Ying S, et al. Impact of land cover and population density on land surface temperature: Case study in Wuhan, China [J]. Journal of Applied Remote Sensing, 2014, (8): 084993.

[332] Ramírez-Aguilar E A, Lucas Souza L C. Urban form and population density: Influences on urban heat Island intensities in Bogotá, Colombia [J]. Urban Climate, 2019, 29: 100497.

[333] Allen L, Lindberg F, Grimmond C S B. Global to city scale urban anthropogenic heat flux: Model and variability [J]. International Journal of Climatology, 2011, 31 (13): 1990-2005.

[334] Flanner M G. Integrating anthropogenic heat flux with global climate models [J]. Geophysical Research Letters, 2009, 36 (2): L0281.

[335] Dong Y, Varquez A C G, Kanda M. Global anthropogenic heat flux database with high spatial resolution [J]. Atmospheric Environment, 2017, 150: 276-294.

[336] Quah A K L, Roth M. Diurnal and weekly variation of anthropogenic heat emissions in a tropical city, Singapore [J]. Atmospheric Environment, 2012, 46: 92-103.

[337] Zheng Y, Weng Q. High spatial and temporal- resolution anthropogenic heat discharge estimation in Los Angeles County, California [J]. Journal of Environment Management, 2018, 206: 1274-1286.

[338] Ma S, Pitman A, Hart M, et al. The impact of an urban canopy and anthropogenic heat fluxes on Sydney's climate [J]. International Journal of Climatology, 2017, 37: 255-270.

[339] Iamarino M, Sean B, Grimmond C S B. High-resolution (space, time) anthropogenic heat e-

missions: London 1970 ~ 2025 [J]. International Journal of Climatology, 2012, 32 (11): 1754-1767.

[340] Bahi H, Mastouri H, Radoine H. Review of methods for retrieving urban heat islands [J]. Materials Today: Proceedings, 2020, 27: 3004-3009.

[341] Fosgerau M, Kim J, Ranjan A. Vickrey meets Alonso: Commute scheduling and congestion in a monocentric city [J]. Journal of Urban Economics, 2018, 105 (3): 40-53.

[342] Cladera J, Duarte C, Moix M. Urban structure and polycentrism: Towards a redefinition of the sub-centre concept [J]. Urban Studies, 2009, 46 (13): 2841-2868.

[343] Silva M, Oliveira V, Leal V. Urban form and energy demand: A review of energy-relevant urban attributes [J]. Journal of Planning Literature, 2017, 32 (4): 346-365.

[344] Gordon P, Kumar A, Richardson H W. The influence of metropolitan spatial structure on commuting time [J]. Journal of Urban Economics, 1989, 26 (2): 138-151.

[345] Koralegedara S B, Lin C, Sheng Y, et al. Estimation of anthropogenic heat emissions in urban Taiwan and their spatial patterns [J]. Environmental Pollution, 2016, 215: 84-95.

[346] Cao Z, Wu Z, Liu L, et al. Assessing the relationship between anthropogenic heat release warming and building characteristics in Guangzhou: A sustainable development perspective [J]. Science of the Total Environment, 2019, 695: 133759.

[347] Stone B, Norman J M. Land use planning and surface heat island formation: A parcel-based radiation flux approach [J]. Atmospheric Environment, 2006, 40 (19): 3561-3573.

[348] Schwarz N, Manceur A M. Analyzing the influence of urban forms on surface urban heat islands in Europe [J]. Journal of Urban Planning and Development, 2015, 141 (3): A4014003.

[349] Xu D, Zhou D, Wang Y, et al. Temporal and spatial heterogeneity research of urban anthropogenic heat emissions based on multi-source spatial big data fusion for Xi'an, China [J]. Energy and Buildings, 2021, 240: 110884.

[350] Liu X, Yan X, Wang W, et al. Characterizing the polycentric spatial structure of Beijing Metropolitan Region using carpooling big data [J]. Cities, 2021, 109: 103040.

[351] Liao W, Liu X, Wang D, et al. The impact of energy consumption on the surface urban heat island in China's 32 major cities [J]. Remote Sensing, 2017, 9 (3): 250.

[352] Pigeon G, Legain D, Durand P, et al. Anthropogenic heat release in an old European agglomeration (Toulouse, France) [J]. International Journal of Climatology, 2010, 27 (14): 1969-1981.

[353] Chow W T, Salamanca F, Georgescu M, et al. A multi-method and multi-scale approach for estimating city-wide anthropogenic heat fluxes [J]. Atmospheric environment, 2014, 99: 64-76.

[354] Grimmond C. The suburban energy balance: Methodological considerations and results for a

mid-latitude west coast city under winter and spring conditions [J]. International Journal of Climatology, 2010, 12 (5): 481-497.

[355] IChinose T, Shimodozono K, Hanaki K. Impact of anthropogenic heat on urban climate in Tokyo [J]. Atmospheric Environment, 1999, 33 (24-25): 3897-3909.

[356] Sailor D J, Lu L. A top-down methodology for developing diurnal and seasonal anthropogenic heating profiles for urban areas [J]. Atmospheric Environment, 2004, 38 (17): 2737-2748.

[357] Park C, Schade G W, Werner N D, et al. Comparative estimates of anthropogenic heat emission in relation to surface energy balance of a subtropical urban neighborhood [J]. Atmospheric Environment, 2016, 126: 182-191.

[358] Zhou Y, Weng Q, Gurney K R, et al. Estimation of the relationship between remotely sensed anthropogenic heat discharge and building energy use [J]. ISPRS Journal of Photogrammetry and Remote Sensing, 2012, 67: 65-72.

[359] Christen A, Vogt R. Energy and radiation balance of a central European city [J]. International Journal of Climatology, 2004, 24 (11): 1395-1421.

[360] Salamanca F, Krpo A, Martilli A, et al. A new building energy model coupled with an urban canopy parameterization for urban climate simulations- Part I. formulation, verification, and sensitivity analysis of the model [J]. Theoretical and Applied Climatology, 2010, 99 (3-4): 331-344.

[361] Kato S, Yamaguchi Y. Estimation of storage heat flux in an urban area using ASTER data [J]. Remote Sensing of Environment, 2007, 110 (1): 1-17.

[362] Chen Q, Yang X, Ouyang Z, et al. Estimation of anthropogenic heat emissions in China using Cubist with points-of-interest and multisource remote sensing data [J]. Environmental Pollution, 2020, 266 (1): 115183.

[363] Wang S, Hu D, Yu C, et al. Mapping China's time-series anthropogenic heat flux with inventory method and multi-source remotely sensed data [J]. Science of the Total Environment, 2020, 734: 139457.

[364] He C, Zhou L, Yao Y, et al. Estimating spatial effects of anthropogenic heat emissions upon the urban thermal environment in an urban agglomeration area in East China [J]. Sustainable Cities and Society, 2020, 57: 102046.

[365] Lu Y, Wang Q G, Zhang Y, et al. An estimate of anthropogenic heat emissions in China [J]. International Journal of Climatology, 2015, 36 (3): 1134-1142.

[366] Grimmond C S B, Oke T R. Heat storage in urban areas: Local-scale observations and evaluation of a simple model [J]. Journal of Applied Meteorology, 1999, 38 (7): 922-940.

[367] 王业宁，孙然好，陈利顶．北京市区车辆热排放及其对小气候的影响 [J]．生态学

报，2017，37（3）：953-959.

[368] Zhang G, Luo Y, Zhu S. Estimation of the spatio-temporal characteristics of anthropogenic heat emission in the Qinhuai District of Nanjing using the inventory survey method [J]. Asia-Pacific Journal of Atmospheric Sciences, 2019, 56 (3): 367-380.

[369] Azar D, Engstrom R, Graesser J, et al. Generation of fine-scale population layers using multi-resolution satellite imagery and geospatial data [J]. Remote Sensing of Environment, 2013, 130: 219-232.

[370] Liu Z, He C, Zhang Q, et al. Extracting the dynamics of urban expansion in China using DMSP-OLS nighttime light data from 1992 to 2008 [J]. Landscape and Urban Planning, 2012, 106 (1): 62-72.

[371] Liu K, Yin L, Lu F, et al. Visualizing and exploring POI configurations of urban regions on POI-type semantic space [J]. Cities, 2020, 99: 102610.

[372] Li X, Yang T, Zeng Z, et al. Underestimated or overestimated: Dynamic assessment of hourly $PM_{2.5}$ exposure in the metropolitan area based on heatmap and micro-air monitoring stations [J]. Science of the Total Environment, 2021, 779: 146283.

[373] Li J, Sun R, Liu T, et al. Prediction models of urban heat island based on landscape patterns and anthropogenic heat dynamics [J]. Landscape Ecology, 2021, 36 (6): 1801-1815.

[374] Lee S, Song C, Baik J, et al. Estimation of anthropogenic heat emission in the Gyeong-In region of Korea [J]. Theoretical and Applied Climatology, 2009, 96 (3-4): 291-303.

[375] Jabareen Y R. Sustainable urban forms: Their typologies, models, and concepts [J]. Journal of Planning Education and Research, 2006, 26 (1): 38-52.

[376] Cervero R. Jobs-housing balancing and regional mobility [J]. Journal of the American Planning Association, 1989, (55): 136-150.

[377] Peng T, Sun C, Feng S, et al. Temporal and spatial variation of anthropogenic heat in the central urban area: A case study of Guangzhou, China [J]. ISPRS International Journal of Geo-Information, 2021, 10 (3): 10030160.

[378] Giuliano G, Small K. Is the journey to work explained by urban structure [J]. Urban Studies, 1993, 30 (9): 1485-1500.

[379] Adelia A S, Yuan C, Liu L, et al. Effects of urban morphology on anthropogenic heat dispersion in tropical high-density residential areas [J]. Energy and Buildings, 2019, 186 (3): 368-383.

[380] Kim J, Lim S. A direction to improve EER (Energy Efficiency Retrofit) policy for residential buildings in South Korea by means of the recurrent EER policy [J]. Sustainable Cities and Society, 2021, 72: 103049.

[381] He B. Towards the next generation of green building for urban heat island mitigation: Zero UHI impact building [J]. Sustainable Cities and Society, 2019, 50: 101647.

[382] Krog L. How municipalities act under the new paradigm for energy planning [J]. Sustainable Cities and Society, 2019, 47: 101511.

[383] Holden E, Norland I T. Three challenges for the compact city as a sustainable urban form: Household consumption of energy and transport in eight residential areas in the Greater Oslo Region [J]. Urban Studies, 2005, 42 (12): 2145-2166.

[384] 李雪铭，晋培育. 中国城市人居环境质量特征与时空差异分析 [J]. 地理科学，2012, (5): 521-529.

[385] Yu B B. Ecological effects of new-type urbanization in China [J]. Renewable & Sustainable Energy Reviews, 2021, 135: 110239.

[386] Chen M X, Lu D D, Zha L S. The comprehensive evaluation of China's urbanization and effects on resources and environment [J]. Journal of Geographical Sciences, 2010, 20 (1): 17-30.

[387] Mudede M F, Newete S W, Abutaleb K, et al. Monitoring the urban environment quality in the city of Johannesburg using remote sensing data [J]. Journal of African Earth Sciences, 2020, 171: 103969.

[388] Di H, Liu X P, Zhang J Q, et al. Estimation of the quality of an urban acoustic environment based on traffic noise evaluation models [J]. Applied Acoustics, 2018, 141: 115-124.

[389] 朱相宇，乔小勇. 北京环境质量综合评价及政策选择研究 [J]. 城市发展研究，2013, 20 (12): 62-68.

[390] Krishnan V S, Firoz C M. Regional urban environmental quality assessment and spatial analysis [J]. Journal of Urban Management, 2020, 9 (2): 191-204.

[391] 窦培谦. 城市环境安全模糊综合评价方法研究 [J]. 中国环境管理，2016, 8 (2): 89-93.

[392] 明雨佳，刘勇，周佳松. 基于大数据的山地城市活力评价——以重庆主城区为例 [J]. 资源科学，2020, 42 (4): 121-133.

[393] 秦萧，甄峰，李亚奇，等. 国土空间规划大数据应用方法框架探讨 [J]. 自然资源学报，2019, 34 (10): 2134-2149.

[394] Yue W, Chen Y, Zhang Q, et al. Spatial explicit assessment of urban vitality using multi-source data: A case of Shanghai, China [J]. Sustainability, 2019, 11 (3): 1-20.

[395] Gong P, Liu H, Zhang M N, et al. Stable classification with limited sample: Transferring a 30-m resolution sample set collected in 2015 to mapping 10-m resolution global land cover in 2017 [J]. Science Bulletin, 2019, 64 (6): 370-373.

[396] Handy S L, Boarnet M G, Ewing R, et al. How the built environment affects physical activity: Views from urban planning [J]. American Journal of Preventive Medicine, 2002, 23 (2): 64-73.

[397] Fung T, So L L H, Chen Y, et al. Analysis of green space in Chongqing and Nanjing, cities

of China with ASTER images using object- oriented image classification and landscape metric analysis [J]. International Journal of Remote Sensing, 2008, 29 (23-24): 7159-7180.

[398] Chrysoulakis N, Lopes M, San José R, et al. Sustainable urban metabolism as a link between bio-physical sciences and urban planning: The BRIDGE project [J]. Landscape and Urban Planning, 2013, 112: 100-117.

[399] 戴永立，陶俊，林泽健，等．2006—2009 年我国超大城市霾天气特征及影响因子分析 [J]．环境科学，2013，34 (8): 2925-2932.

[400] 朱丽，苗峻峰，高阳华．重庆城市热岛环流结构和湍流特征的数值模拟 [J]．大气科学，44 (3): 657-678.

[401] 黄菲，刘正才，谢婷，等．一种基于 NDISI 的复合权重波段双差值不透水面提取指数 [J]．地球信息科学学报，2021，23 (10): 1850-1860.

[402] Fan C J, Tian L, Zhou L, et al. Examining the impacts of urban form on air pollutant emissions: Evidence from China [J]. Journal of Environmental Management, 2018, 212: 405-414.

[403] 何芳，吴正训．国内外城市土地集约利用研究综述与分析 [J]．资源与人居环境，2002，(3): 35-37.

[404] McHarg I. Design With Nature [M]. New York: Wiley, 1995.

[405] 任玉峰，刘国东，周理，等 基于证据理论和可变模糊集的成都市洪灾风险评估 [J]．农业工程学报，2014，30 (21): 147-156.

[406] Yue W, Chen Y, Thy P T M, et al. Identifying urban vitality in metropolitan areas of developing countries from a comparative perspective: Ho Chi Minh City versus Shanghai [J]. Sustainable Cities and Society, 2021, 65: 102609.

[407] 苏屹，于跃奇．基于加速遗传算法投影寻踪模型的企业可持续发展能力评价研究 [J]．运筹与管理，2018，27 (5): 134-143.

[408] 付强，付红，王立坤．基于加速遗传算法的投影寻踪模型在水质评价中的应用研究 [J]．地理科学，2003，(2): 236-239.